风光水多能互补优化调度及风险分析研究

刘为锋　郭旭宁　邢西刚　马彪　著

中国水利水电出版社
www.waterpub.com.cn
·北京·

内 容 提 要

本书系统、深入地总结了笔者多年来在"风光水能出力互补特性评价—长期多目标优化调度及决策—短期安全运行"研究中所取得的主要成果,从流域风光水电出力互补特性研究、风光水电系统长期多目标建模及求解、风光水电系统两阶段随机多属性决策研究,以及预报不确定性条件下风光水电系统短期联合运行及风险分析出发,系统探讨了流域风光水电系统多能互补优化调度及风险分析研究。书中融入了笔者对流域风光水电系统多能互补科学的一系列思考和研究设计范例,值得读者认真阅读和参考。

本书可作为风光水多能互补、水库群调度、风险决策、水文预报等专业的高年级本科生、硕士生、博士生的"优化调度"课程的教学参考书,也可供相关领域的学者和工程技术人员参考。

图书在版编目（ＣＩＰ）数据

风光水多能互补优化调度及风险分析研究 / 刘为锋
等著. -- 北京：中国水利水电出版社，2024.5（2024.11 重印）
　ISBN 978-7-5226-2457-0

　Ⅰ．①风… Ⅱ．①刘… Ⅲ．①电力系统调度－再生能
源－风险分析－研究 Ⅳ．①TM73

中国国家版本馆CIP数据核字(2024)第094018号

策划编辑：石永峰　　责任编辑：鞠向超　　加工编辑：刘瑜　　封面设计：苏敏

书　　名	风光水多能互补优化调度及风险分析研究 FENG GUANG SHUI DUONENG HUBU YOUHUA DIAODU JI FENGXIAN FENXI YANJIU
作　　者	刘为锋　郭旭宁　邢西刚　马彪　著
出版发行	中国水利水电出版社 （北京市海淀区玉渊潭南路 1 号 D 座　100038） 网址：www.waterpub.com.cn E-mail: mchannel@263.net（答疑） 　　　　sales@mwr.gov.cn 电话：(010) 68545888（营销中心）、82562819（组稿）
经　　售	北京科水图书销售有限公司 电话：(010) 68545874、63202643 全国各地新华书店和相关出版物销售网点
排　　版	北京万水电子信息有限公司
印　　刷	三河市德贤弘印务有限公司
规　　格	170mm×240mm　16 开本　12 印张　168 千字
版　　次	2024 年 5 月第 1 版　2024 年 11 月第 2 次印刷
定　　价	72.00 元

前　　言

　　根据国际可再生能源组织公布的数据，我国 2019 年风电和光伏（风光）装机容量分别为 2.1 亿 kW 和 2.05 亿 kW，位居全球第一，占比分别达到 33.82% 和 35.14%[1]。我国将以黄河上游、金沙江中游和雅砻江水电站为依托，建立多个大型风电、光伏和水电（风光水）清洁能源基地，其中雅砻江全流域规划风光电和水电总装机容量均约为 3000 万 kW。风、光发电受自然条件制约，其出力时空分布不均，具有波动性、随机性和间歇性的特点，加剧了电网调频、调峰的压力，极大地影响了电网的安全、稳定运行，从而限制了电网对风、光出力的消纳能力。如此大规模的间歇性能源直接接入电网，势必给电网的安全、稳定运行带来巨大的影响。因此，平缓风、光出力的频繁波动是保障流域大规模风、光能源接入电网并安全、稳定运行的关键。

　　水电能源调节速度快、能源可存储，可以有效缓解由于风光能源间歇性出力波动给电力系统带来的负面影响，将水电与风、光电联合输送到电网，是目前解决大规模风光能源出力未被有效利用这一问题的较好办法：枯季时，一般风电和光电多发，可以通过水电快速启停的能力保障风电和光电优先入网；雨季时，风电和光电少发，水电可以充分利用汛期来水多发[2]。利用水电与风、光电的丰枯互补特性，能够有效解决大规模风、光电集中入网的消纳难题，可以破解风光出力的波动性、随机性和间歇性等弊端，将之前频繁波动的发电曲线改善为近乎直线的平稳输出，不仅可以保障电网安全、稳定运行，还能使优质清洁能源发挥最大效用[3]。

　　流域中风光水多能互补运行除了受风、光出力不确定性扰动影响外，还受电网和电站多重安全稳定运行的约束条件限制[3]，其优化调度面临以下亟待突破和解决的关键科学问题。

　　（1）流域中的风光水三能源互补特性规律揭示的问题。此时传统用于揭示两种能源互补特性规律的方法不再适用，亟须提出适合评价三能源互补特性规律的方法，同时揭示流域中的风光水三能源在不同时间尺度的互补特性。

　　（2）风光水电系统多目标协同运行问题。风光水多能互补运行改变了梯级水电站的传统调度方式，难以保证风光水电系统长期综合效益。因此，针对如何协调风光水多能互补调度的长期发电效益，同时兼顾电网安全、稳定运行和水电站下游河道生态健康等目标，亟须提出适合风光水电系统多目标协同运行的方法。

（3）风光水电系统短期安全稳定运行问题。在大规模风光间歇性能源接入背景下，现有研究大多基于上述风电或光电单一能源出力的确定性预报进行水电补偿调度，较少考虑风光联合出力预报不确定性情况，风电或光电单一能源出力预报不确定性到风光联合出力预报不确定性的动态演化机制，以及由于预报不确定性导致的水电补偿后出力短缺的风险。

本书依托中国博士后科学基金第 70 批面上资助二等 "碳达峰碳中和形势下风光水多能互补短期优化调研"（2021M702313）、国家自然科学基金重点基金"雅砻江流域风光水多能互补运行的优化调度方式研究"（U1765201），针对流域大规模风光水能资源高效利用和最大化风光水能资源的综合效益问题，提出了 "风光水能出力长、短期互补特性分析-长期多目标优化调度-长期多属性决策-短期安全运行"的统一框架，主要特色和贡献如下。

（1）建立了适合评价风光水三能源互补特性的方法，揭示了流域风光水能长期电量补偿和短期电力补偿的规律，提出了基于机器学习理论的风光水三能源短期典型日智能筛选方法，提高了复杂多变气象条件下风光水三能源典型日筛选的精度。定量评估了雅砻江流域风光出力对水电出力的长期电量补偿特性，可提高水电发电效益 3%，以及雅砻江水电出力对风光出力的短期电力补偿特性，风光弃电率和出力短缺率减小幅度分别可达到 18% 和 28%，剖析了不同时间计算步长对风光水电出力互补特性评价结果的差异。

（2）建立了统筹风光水电系统发电效益，电网安全、稳定运行和水电站下游生态健康的多目标调度模型，识别了高维决策变量动态可行域范围，从数学角度（MOSA-NSGA-III算法）和物理角度（CR-NSGA-III算法）提出了两种不同改进思想的 NSGA-III算法。发现了 CR-NSGA-III算法较大程度地避免了可行解遭到破坏的情况，得出了 CR-NSGA-III算法在风光水电系统多目标问题求解时优于 MOSA-NSGA-III算法的结论，解决了风光水电系统长期调度方案集快速生成的难题，提高了风光水电系统非劣解集在 Pareto 最优前沿的收敛性和多样性。

（3）发展了风光水电系统群体决策的两阶段随机多属性决策的理论与方法，突破了群体决策时由于信息不完备而难以有效进行决策的瓶颈，丰富了不确定性条件下风光水电系统调度方案科学制定的随机多属性决策方法库。定义了可行权重空间概念。在决策第一阶段，提出了 SMAA-VIKOR 模型明晰指标权重空间；在决策第二阶段，引入直觉模糊层次分析法，提出了 IFAHP-SMAA-VIKOR 模型允许决策群体表达模糊主观偏好，获得越来越明确的决策支持信息，增强了群体决策者的信心。

（4）提出了描述风电或光电单一能源出力预报不确定性的动态演进通用鞅模型，构建了耦合风光出力预报不确定性动态演进的风光水电系统短期随机优化调度模型。揭示了风光联合出力预报不确定性较风电出力预报不确定性减小、较光电出力预报不确定性增加的规律，以及由于预报不确定性导致风光水电系统联合运行出力存在短缺的风险过程。

本书的研究成果可直接应用于指导我国大型风光水电清洁能源基地短期调度计划制定，具有显著的社会效益和经济效益。

由于编写时间仓促，作者的经验和水平有限，书中难免存在不妥之处，恳请读者和专家批评指正。

作者
2023 年 6 月

目　　录

第1章 绪 论

1.1 研究背景与选题意义

风、光发电受自然条件影响，其出力在时间上分布不稳定，在空间上分布不均衡，具有波动性、随机性和间歇性的特点[4]。风、光资源在时空上的随机性、间歇性所导致的风、光出力的频繁波动[5]，加剧了电网调频、调峰的压力，极大地影响了电网的安全、稳定运行，从而限制了电网对风、光电的消纳能力。根据国际可再生能源组织公布的数据（图1.1和图1.2），2019年，我国风、光电装机容量分别为2.1亿kW和2.05亿kW，位居全球第一，占比分别达到33.82%和35.14%[6]。雅砻江流域建成我国最大的"风光水互补"清洁能源基地[7]，规划风、光和水电站分别为74个、26个和22个，风、光电总装机容量约为3000万kW，水电总装机容量约为3000万kW。如此大规模的间歇性能源直接接入电网，势必会给电网的安全、稳定运行带来巨大的影响[8]。因此，平抑风、光出力的频繁波动是保障流域大规模风、光能源接入电网安全、稳定运行的关键。

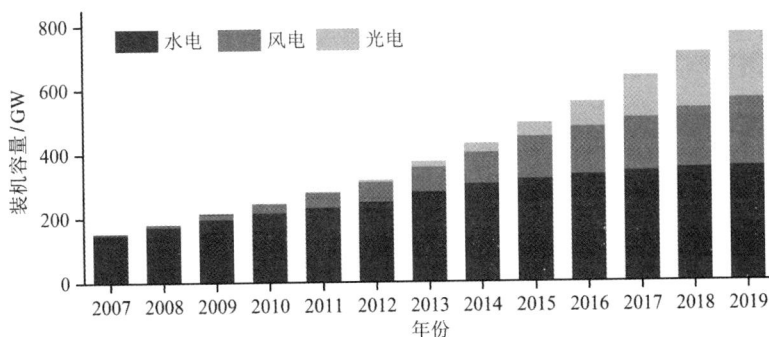

图1.1 我国历年（2007—2019年）风光水电装机容量

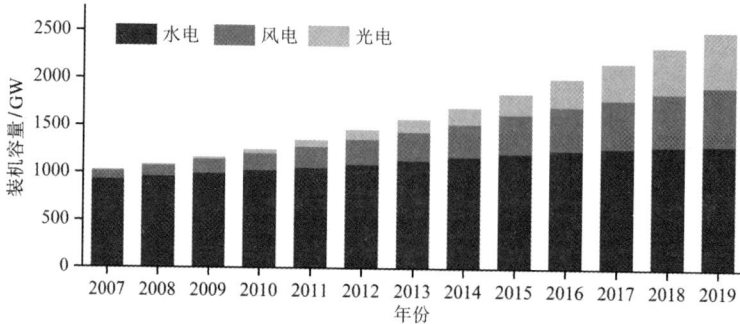

图 1.2　全球历年（2007—2019 年）风光水电装机容量

水电能源调节速度快、能源可存储，可以有效缓解间歇性能源出力波动给电力系统带来的负面影响[8-12]，将水电与风、光电进行"打捆"并输送到电网，是目前解决大规模风、光能源出力未被有效利用这一问题的较好办法：枯季时，一般风电和光电多发，可以通过水电快速启停的能力保障风电和光电的优先入网；雨季时，风电和光电少发，水电可以充分利用汛期来水多发[2]。利用水电与风、光电的丰枯互补特性，能够有效解决大规模风、光电集中入网的消纳难题，可以破解风光出力的波动性、随机性和间歇性等弊端[2]。通过风光水多能互补运行的优化调度方式，将之前频繁波动的出力曲线改善为近乎直线的平稳输出，不仅可以保障电网安全稳定运行，还能使频繁波动的风光出力得到最大利用。因此，开展流域风光水互补运行的优化调度方式研究，对解决流域大规模清洁能源稳定利用问题意义重大。

流域中风光水多能互补运行除了受风光出力不确定性扰动影响外，还受电网和电站多重安全、稳定运行的约束条件限制，其优化调度面临着诸多亟待突破和解决的关键科学问题[3]。首先是流域中的风光水三能源互补特性规律揭示的问题。流域中的风光水能是同一物理场中能量的不同呈现形式，其出力在不同时间尺度上存在不同程度的互补特性。**开展流域风光水电出力在不同时间尺度上的互补性分析研究，是进行风光水多能互补优化调度的理论基础。**其次是风光水电系统多目标协同运行的问题。风光水多能互补运行改变了梯级水电站的传统调度方式，难以保证风光水电系统长期的综合效益。因此，针对如何协调风光水多能互补调度的长期发电效益，同时兼顾电网安全、稳定运行和水电站下游河道生态健康等目标，**亟须提出适合风光水电系统多目标协同运行的方法**，这也是本研究重点突破的关键科学问题。在大规模风光间歇性能源接入背景下，**揭示风光出力预报不确定条件下的风光水电系统短期运行效益和风险**，则是本研究拟重点突破的另一个关键科学问题。

为此，本书首先建立适合风光水三能源互补特性规律评价的指标体系，揭示流域风光水能出力长期电量补偿和短期电力补偿规律；随后构建统筹风光水电系统发电效益、电网安全稳定运行和水电站下游生态健康的多目标调度模型，引入 Pareto 优化理论和现代智能优化理论，提出适合复杂风光水电系统多目标问题的高效求解算法；研究可以考虑指标权重不确定性的随机多属性决策方法，对非劣方案进行排序，得到满足决策者决策偏好的长期调度方案；在风光水电系统长期调度计划的指导下，构建考虑风光出力短期预报不确定性特征的通用鞅（Martingale）模型，研究耦合风光出力预报不确定性的风光水电系统短期随机优化调度模型，并结合风险分析方法，揭示风光水电系统短期运行过程中面临的风险，使决策者对于风光水电系统短期安全运行有更加清晰的认识。这不仅对于指导流域风光水互补运行优化调度、提高流域风光水能资源高效利用具有重要的实践意义，还对发展和完善流域风光水多能源互补优化调度的理论和方法体系具有重要的科学意义。

1.2 国内外研究进展

随着世界范围内化石能源消耗导致能源危机、环境恶化和极端气象事件逐渐凸显，世界各国越发重视可再生能源的开发，其中以风能、太阳能、水能、潮汐能和地热能等资源为典型代表[13]。它们的储量丰富、对环境友好，且能补充现代化生活所需能源，这其中尤其以风能、太阳能和水能为代表。目前，国内外在风光水电出力互补特性分析[14]、多时间尺度预测[15-16]、容量优化配置[7]、多能互补优化调度[17]和风险决策[18]等方面取得了丰富的研究成果。

本章重点从风光水电出力互补特性分析、系统优化调度研究和系统多属性决策三个方面，对国内外相关研究成果展开综述。

1.2.1　风光水电出力互补特性分析

风光水电系统出力受风速、太阳辐射、气温和降雨等因素影响，其随机特性与气候和气象系统关系非常密切。在不同的气象和气候条件下，不同能源之间的出力存在特性差异，若能取长补短，则可以达到提高系统可靠性、稳定性、经济性等目的[19-20]。因此，研究风光水电出力互补性规律是进行风光水多能互补优化调度的理论基础。

开展风光水电能源互补特性研究主要有以下两个作用：一是在建风光水电站之前对流域风光水能源的互补特性进行分析，给未来待建风光水电站装机容量、其他补偿电站（火电站等）装机容量和特高压直流外送通道规模等提供参考的数据，为国家和当地经济高质量发展提供稳定助力的同时，满足当下经济、生态、环保等目标需求[21]；二是当电站已建好，通过评估风光水电出力与电网给定负荷之间偏差的波动性，在电网调度计划实施前安排好其他电站作为补偿能源，可以平抑风光水电出力的波动，保障电力系统的安全、稳定运行[22]。

风光水多能互补的核心思想是：当一个或多个能源出力处于低谷时期，其他能源出力处于峰值将其填平，以平抑单个能源出力的波动性，从而可以以稳定的出力提供给电网或用户，提高系统可靠性、稳定性和经济性。相关分析通常被用来描述随机变量在统计关系上的强弱。当一个随机变量变大（变小），另一个随机变量也变大（变小），此时可以认为两者满足正相关关系；当一个随机变量变大（变小），另一个随机变量变小（变大），此时可以认为两者满足负相关关系。研究人员发现，相关性与风光水多能源互补是类似的，若两个能源的出力呈现出完全互补的趋势，那么这两个随机变量也将呈现出负相关趋势；若两个能源的出力呈现出完全趋同的趋势，那么这两个随机变量也将呈现出正相关趋势[23]。

目前 Pearson 相关系数[24]和 Spearman 秩相关系数[25]常被用来反映风光水多能源互补特性，具体是通过衡量随机变量之间的相依关系来反映相关程度。Bett 和 Thornton 利用再分析数据（Reanalysis Data，RD）研究了英国地区风能和太阳能资源的互补特性，他们通过计算英国地区风能和太阳能资源的 Pearson 相关系数发现，风能资源与太阳资源在英国地区呈现出弱负相关趋势，由此可以认为整个英国地区的电力供应不能完全由风电和光电出力提供[26]。Silva 等人通过气象部门的降水数据和 NOAA 的风速资料研究了巴西地区海上风能和水能资源季节和年际时间尺度的变化趋势，通过 Pearson 相关系数和相干分析[27]，发现在巴西东北和北部地区的风能存在着较大的季节互补特性，且巴西沿海东北部的风能资源和巴西的圣兰科斯科、南大西洋盆地等地的水能资源互补性最好。

徐维超指出，Pearson 相关系数计算随机变量 X 和 Y 之间的协方差 $\mathrm{cov}(X,Y)$ 与它们标准差的乘积 $\sigma_X \sigma_Y$ 的关系，它需要随机变量满足二元高斯分布，即该系数只能反映随机变量 X 和 Y 线性相关关系[28]。若随机变量 X 和 Y 存在非线性关系，即随机变量之间存在单调非线性畸变关系时，仍采用 Pearson 相关系数进行相应的计算分析，得到的结果会存在一定的误差[29]。Spearman 秩相关系数是 Pearson 相关系数的一种变体，它首先对随机变量 X 和 Y 进行排序，随后对其排序位置求解 Pearson 相关系数，其对随机变量 X 和 Y 没有服从正态分布的要求，适用于随机变量之间存在单调非线性畸变关系的场景，在现实场景中应用更为广泛[30]。风光水电出力受气象和地形等条件影响，在多数地方很难满足二元高斯分布这个条件，此时 Spearman 秩相关系数是更为合适的选择。

Widen 等人以瑞典地区实测太阳辐射和气象温度数据计算光电出力，并结合实际风电出力计算 Spearman 秩相关系数[31]。研究发现，在瑞典地区风电出力和光电出力从小时尺度到月尺度均呈现出互补的趋势，且互补趋势在月尺度上最为明显。同时，研究还指出，当风电和光电年总发电量比例为 7:3 时，出力波动性最小，随着光电在风光电占比的逐渐增加，风光出力的波动性也随之增加。Liu 等人根据我国气象局提供的气象数据研究了我国大部分地区风能和光能资源的时空互补特性[32]。研究表明，在一定区域，风光联合出力的极值现象（"0 出力"或"装机容量出力"）出现的概率较单一能源出力明显降低，可以达到降低单一能源出力波动现象发生的概率。研究中还有一项有趣的发现，当电源站点分散足够广时，分散的风能出力平滑效应与风光联合出力的平滑效应非常接近，且远好于光电出力。

除了 Pearson 相关系数和 Spearman 秩相关系数分析出力之间的相关性之外，还有研究者通过互相关函数[33]（Cross Correlation Function，CCF）和典型相关分析[34]（Canonical Correlation Analysis，CCA）来研究风光水电出力的互补特性。CCF 与之前的相关系数不同，它可以为存在相似关系且具有延迟的两个时间序列提供比较[35]。Anjos 等人基于巴西东北部的 Fernando Noronha 群岛风速和太阳辐射数据，通过 CCF 分析了该地风速和太阳辐射的互相关性。研究表明，该地风速和太阳辐射均与前期风速和太阳辐射数据相关，太阳辐射通过陆地、海洋和空气加热影响风的形成，风继而影响云的覆盖，进一步影响太阳辐射[36]。Santos-Alamillos 等人研究了西班牙 Andalusia 地区太阳能电站和风电站选址问题，他们首先基于主成分分析（Principal Component Analysis，PCA）和 CCA 对风电和光电的容量因子时空的变异性进行了分析，随后建立虚拟风电站和光电站，对出力特性进行模拟[34]。研究结果表明，通过 CCA 分析之后规划的风电和光电电站可以有效降低风光联合出力的波动幅度，这一点在冬季最为明显。

以上研究大都根据水文和气象要素对风光水电等能源进行建模，分析能源之间的出力随时间变化的关系，并通过相关性指标分析能源之间的相关关系，从而为各地区之间能源规划和投资提供参考。以上研究较少考虑各能源的出力和负荷之间的关系，仅从定性的角度进行能源间互补特性规律的描述，而现实生活中能源出力直接提供给电网以满足日常生活电力需求，因此分析能源出力与负荷之间的关系也是极其重要的。

风光水电出力互补特性分析的另一个作用是为满足电网的指定负荷，在电网调度计划实施前安排好其他电站作为补偿电源，从而达到平抑风光水电出力波动的目的，保障电力系统的安全、稳定运行。许多研究人员基于此研究风光水电出力与负荷需求之间偏差的波动关系，以给电网提供稳定出力。

Beluco 等人定义了出力不足指数来描述水光混合能源出力不满足负荷的情况。研究指出，出力不足指数与互补程度成反比，互补程度越高，出力不足指数越小[37]。Kahn 提出了失负荷概率指标（Loss of Load Probability，LOLP）来描述能源出力与负荷之间的关系[38]。随后，Jurasz 等人分析了 LOLP 指标与互补性程度的关系。研究指出，风电与光电出力互补性程度越高，LOLP 指标值越小，即风光联合出力有更大的概率满足负荷需求[23]。冉晓洪等人认为传统的失负荷指标不一定能真实反映实际的风险，他们提出了一种失负荷损失的风险指标，将每个时段失负荷的概率与风电、光电出力与负荷需求的预测偏差量之和构成的乘积作为风险指标[39]。Zhu 等人定义了负荷追踪指数（Load Tracking Index，LTI）来评价出力与负荷之间的匹配程度，首先将风电、光电和水电的联合出力定义为虚拟电源（Virtual Power，VP），随后计算虚拟电源的 LTI 指标，并以此判断虚拟电源的出力与负荷之间的匹配程度[40]。

1.2.2 风光水电系统优化调度研究

由于大规模风光出力不可存储，风光水电系统优化调度一般可被认为是风光出力接入情况下的水电站群优化调度。从风光水电系统互补运行优化调度问题的全链条过程来看：在运行约束方面，受电力系统安全、稳定运行和各能源自身安全、稳定运行要求约束；在输入条件方面，受风、光、水等能源以及电网负荷等多重不确定性因素的影响；在不同时间尺度下，电力系统、各能源自身约束以及多重不确定因素的表现形式均不相同；同时，由于风光水电系统是一个复杂巨型高约束的系统，其求解也极其困难。因此，针对上述问题，下面主要从风光出力不确定性描述、风光水电系统的短期和中长期调度，以及优化调度求解技术等方面进行介绍。

1.2.2.1　风光出力不确定性描述

预报对于风光水电系统联合运行至关重要。如果风光联合出力预报过低，需要加大水电出力，总出力可能冗余，影响系统的经济运行；如果风光联合出力预报过高，水电出力随之减小，可能给电力系统带来风险。目前，关于风电和光电出力预报，通常可以分为概率预报、风险指数和场景树。

概率预报将未来发生事件的不确定性用概率信息进行描述，而不是单一的预报值，通常可以分为区间预测和概率密度函数。这种带概率信息的预报结果通常具有较强的兼容性，可以为电力系统调度人员下达相应的调度指令提供丰富的信息。Bessa 等人基于 Nadaraya-Watson 核估计方法提出了一种自适应风电出力预报的方法，并应用于美国两个不同的风电站短期出力预报中，研究表明，基于 Nadaraya-Watson 的自适应预报在锐度（Sharpness）、校准（Calibration）和评分（Skill Score）这三个指标上均具有较好的结果[41]。章国勇在风电出力点预测和预测误差概率分布的基础上，提出了一种基于云变化的风电出力区间预测模型，可以得到在满足一定置信水平下风电出力的预测区间，为日内电网鲁棒优化提供了输入基础，可以帮助决策者评估风电接入电网时可能存在的风险，从而指导包含风电场的电网安全运行调度[42]。Bremnes 基于分位数回归理论建立了风电出力的预报模型，并通过匹配不同分位点得到不同区间的风电出力预报[43]。Taylor 等人基于气象集合预报生成了预见期为1～10天的风电出力集合预报值，并通过最大似然法对参数进行优化，结果表明，通过气象模型得到的集合预报结果优于传统高精度的气象模型风速点预报[44]。

风险指数定量评估了风电和光电出力预测值在某置信水平下可能存在的最大误差，可以将各种影响因素以实数的形式进行量化预报的风险，为电力系统调度人员提供一种更加直观的不确定性参考信息。Pinson和Kariniotakis定义了大气稳定度风险指数（Meteo-Risk Index，MRI）来评估气象的稳定性情况，通过该指数的大小情况，可以反映组合预报系统中多个数值天气预报（Numerical Weather Prediction，NWP）结果离差的大小，当气象状态不稳定的时候，该指数较大，反之则该指数较小，并根据MRI来计算置信区间范围，随后在该置信区间范围内随机抽样，该方法不需要对风电出力的预测误差分布做相应的假设[45]。阎洁等人在风电出力预报模型中引入了分位数回归模型，并定义了风电功率预测风险指数（Predict at Risk，PaR），针对不同时间尺度和不同物理机制建立了风电出力预报模型，研究指出，该方法适用于NWP预测模型和基于历史数据的预测模型[46]。

场景树模拟将未来可能发生的情况用不同的情景描述出来，具体是对其概率密度函数采用不同随机抽样的方法来生成未来可能发生的情景，随后基于冗余度等指标剔除冗余的情景，保留代表性较高的情景。Pappala等人通过预报误差的均值和90%置信区间作为参数来生成风电出力场景树，随后结合粒子群优化算法和风电出力波动规律缩减场景树[47]。但是，该方法即使对于一棵小的场景树也会创建大量变量，从而导致维数较多的问题。为了克服上述维度问题，Wang等人假定风电出力和光电出力预报误差服从正态分布，通过拉丁超立方抽样（Latin Hypercube Sampling，LHS）生成风电和光电出力的预报误差，并叠加确定性预报，得到风电和光电出力场景树。为了提高模型的计算效率，使用K-均值算法将相似场景树归为一类[48]。为了更加精确地刻画风电和光电出力预报的时空关系，Zhang

等人耦合自回归滑动平均模型和藤 Copula 函数来概化风电和光电出力的时空关系，并通过拉丁超立方抽样生成风电和光电出力场景树。为了降低模型的计算负担，通过 K-均值算法保留具有代表性的场景[9]。

1.2.2.2　风光水电系统短期调度

风电和光电出力在短期尺度受气象条件和地形条件的影响，出力具有随机性、波动性和间歇性的特点。风、光资源在时间尺度上的随机性、间歇性导致的风光出力的频繁波动，加剧了电网调频、调峰的压力，对电网的安全、稳定运行影响较大，从而限制了电网对风电和光电的消纳能力。由于水电出力一般具有可储存特性，因此风光水电系统短期尺度互补调度主要考虑在满足电网安全、稳定运行的条件下最大化利用风光出力，即通过水电可灵活调度的特性将水电出力与风光出力打包输出，以将之前频繁波动的风光出力补偿为近乎直线的平稳输出，从而减少弃风、弃光现象。

Liu 等人考虑风电和光电出力自身间歇性和预报不确定性的特点及其给电网安全、稳定运行带来的风险，通过将所有的风电站和光伏电站分别聚集成一个虚拟风电站和光伏电站，并在此基础上使用核密度函数来估计虚拟风电站和光伏电站的预报误差分布，从而建立了以水电出力补偿虚拟风电站和光伏电站剩余负荷波动性最小的日前调度模型。结果表明，该模型可以有效地提高风光水电综合出力的稳定性，并帮助电网调峰，进而提高风电和光电出力的利用率[49]。Yang 等人通过对风电站历史数据进行统计分析，得到了相邻时间间隔内风电波动具有明显的集中特征，并基于此特征得到风电出力的置信区间作为日前风电和水电互补双层嵌套模型的输入，外层是以最小化剩余负荷波动为目标，将得到的水电出力作为内层水电站厂内经济运行模型的输入。结果表明，考虑风电出力不确定性的水电补偿调度模型可在日前计划实施预留足够可调度的机组数量，可以在满足电网容纳更多的风电出力的同时减少水电机组在实际运行当中通过振动区的次数，提高了水电机组的稳定性和电网运行的安全性[50]。Liu 等人考虑风光出力短期预报的不确定性,构建了通用的鞅模型模拟并量化了风光联合出力预报不确定性,并建立了水电补偿风光联合出力的随机优化调度模型,揭示了从风电或光电单一能源出力到风光联合出力预报不确定性动态演化特征[8]。Zhang 等人以我国南方电网为案例,提出了几种电力灵活特性的量化方法,并建立了在长期调度计划条件下的大型水电基地短期补偿调度模型,随后通过将模型转为混合整数线性规划模型以降低计算的复杂度。该模型通过直流线路共享云南大型水电基地的出力,以充分挖掘水电出力的灵活特性来满足电网端需求,该研究可以为其他具备大型水电基地的国家应对电力灵活性不足问题提供参考[51]。Tan 等人考虑风电和光电的高变异性和预报不确定性,率先通过使用水电补偿风光出力建立了一个以调度期内发电量最大的短期风光水电优化调度模型,来模拟日前风光水多能互补运行,并在发电量最大模型基础上嵌套了负荷分配模型,以解决由于风电和光电出力预报不确定性所导致的发电量偏差,来满足梯级水电站的联合运行和补偿风光出力调度[19]。

1.2.2.3　风光水电系统中长期调度

风光水电系统中长期调度时间尺度一般以年为调度期,以月或旬为时段。由于大规模风电和光电出力一般被认为不可存储,因此该系统的中长期调度重点是以水电站出力为核心,将风电和光电出力接入水电出力。由于该系统调度期较长,目前中长期尺度的预报精度较低,因此当前风光水电系统中长期调度主要对调度规则提取和调度计划编制这两个方面的研究。

Li 和 Qiu 将光伏系统整合到水电系统,提出了光水系统中长期调度模型,并评估了不同水文年型水电对于光电出力的补偿潜力。结果表明,光水系统在丰水年具有较丰富的水量进行调度,使得丰水年的月平均发电量和方差均大于枯水年[52]。Liu 等人提出了一个风光水电系统中长期多目标调度模型,考虑了风光水电系统的发电效益、出力稳定性和下游生态目标,结果表明,通过梯级水电站对风光系统的补偿作用，可以得到兼顾三个目标综合效益的中长期调度计划[17]。Zhu 等人针对水光系统，提出了一种大型水光混合系统长期互补运行的协调优化框架，建立了考虑水光混合系统发电效益和出力稳定性的多目标模型，考虑到规模复杂问题在时间尺度上将水电和光电系统分离，并使用并行计算进行求解，结果表明，水光混合系统的发电效益和出力稳定性两者存在明显的竞争关系，且水文年型对于多目标优化结果和互补情况有较大影响[53]。Wang 等人提出了一种风光水电系统在电网多层架构情况下的多目标模型，研究了风光水电系统多个目标之间的协调机制，结果表明，水电补偿风光出力之后，加剧了水电自身出库流量的频繁变动，进而影响到了下游生态情况[20]。Xu 等人研究了在预报不确定性条件下水电和风电联合调度和单独调度对于风电和水电的影响。结果表明，通过水电补偿风电之后，水电损失了自身储能效益和运行效益，可以减轻风电出力由于预报不确定性导致的出力短缺程度，且对于水电的负面影响与预报不确定性和入库径流呈正相关，与水库起调水位呈负相关趋势[54]。Yang 等人针对已建大型水电站在设计初期未考虑补偿光伏电站出力的问题，提出了一种针对光伏电站接入的光水系统长期调度规则提取的方法。实验结果表明，该调度规则可以解决水电站入库流量和光电出力预报不确定性带来的问题[55]。Ming 等人将短期调度与长期调度相耦合，提出了一种自适应的水光系统长期调度规则。结果表明，该调度规则较传统调度规则在年平均发电量和供电可靠性方面均有相应程度的提高[56]。Li 等人针对水光系统长期互补调度面临的入库径流和光电出力双重不确定性，建立了一种显随机优化调度模型。结果表明，考虑入库径流和光电出力双重不确定性，可以进一步提高水光系统的发电效益[57]。

1.2.2.4 风光水电系统优化调度求解技术

风光水多能互补优化调度是一个巨型、多维、非线性、多目标、复杂约束的优化问题，"维数灾难"（Curse of Dimensionality）和"多目标"是巨型复杂系统的两大技术难题，其建模求解极其困难。针对此类问题的高效求解，国内外学者开展了大量研究，相关研究成果主要集中在以下三个方面。

1. 复杂系统的高效降维技术

在求解风光水电复杂系统优化问题时，随着子系统中子问题数目的增加，决策变量、状态变量和约束条件的数量将会急剧增加。此时如果采用非线性规划直接求解，可能会导致"维数灾难"和耗时过长等问题。目前主流的降维思路主要有以下三种：一是从系统方面降维；二是从参数方面降维；三是从模型方面降维。与之对应的方法分别是大系统分解协调、敏感性分析和替代模型。

（1）大系统分解协调（Aggregation-Decomposition）。大系统分解协调在求解大规模复杂多维非线性优化问题较为高效，其基本思路是在大规模问题中应用分解-协调思想，具体是将大规模问题分解为若干个独立的、较为简单的子系统，并分别对各个子系统进行优化求解，随后根据大规模问题的总目标，与各个子系统相互协调，从而达到降维的效果。大系统分解协调理论在梯级水库群优化调度[58]、调度规则提取[59]和风光水电联合调度[60]等领域中获得了广泛的应用。董增川于1986 年将大系统分解协调理论应用于红水河梯级水电站优化调度，从空间分解的角度出发，选择与耦合约束相对应的拉格朗日乘子及库恩-塔克条件作为协调变量，将库群分解成几个子系统，大大降低了模型的维数，使得大规模问题的求解在当时成为可能[61]。Duran 等人应用聚合-分解理论将水库群系统分解成具有两个状态变量的子问题，随后对各个子问题采用随机动态规划进行求解，得到了水库群发电月调度计划[62]。陈杰针对风水火电站联合调度问题，引用分解协调理论，将风水火电站联合调度问题分解成了风、水、火电站子问题，使用拟牛顿法在协调层更新协调变量，从而加快了算法的收敛速度[60]。张靖文将大系统聚合-分解方法应用于西江流域水库群防洪调度规则提取，通过将水库群聚合成一个虚拟聚合水库，从而达到降低维数的效果，随后将聚合水库总输出按照预报流量的比例逐一分解到各个水库当中，再采用参数-模拟-优化方法对虚拟聚合水库的分段线性调度规则进行参数优化。研究表明，通过聚合-分解方法提取水库防洪调度规则可以有效降低水库防洪风险[63]。郭生练等人以长江上游的 30 座水库作为研究对象，建立了水库群蓄水多目标调度模型，通过采用分区策略和大系统聚合分解理论，制定了巨型水库群的蓄水时机、蓄水次序和蓄水策略等[64]。

（2）敏感性分析（Sensitivity Analysis）。敏感性分析通过提前对复杂模型中的属性进行分析以确定模型中各个属性的敏感性系数。在对模型进行求解时，可以根据分析结果和经验重点考虑敏感性系数大的属性，忽略敏感性系数小的属性，这样可以大大降低模型求解的复杂度，同时还能在不明显地损失模型精度的情况下提高模型求解效率[65]。钟平安和唐林在使用遗传算法对水库优化调度模型求解时，采用正交试验方法对遗传算法的初始种群、选择算子、交叉算子和变异率等七个属性进行模拟实验，确定了初始种群数、优值不变终止迭代次数和变异率是影响遗传算法性能的主要参数[66]。Kapsali 等人在研究孤岛风水电站经济运行时，通过对能源价格、国家补贴百分比以及过剩风电价格进行敏感性分析，得到了可以让风电被大量接受且花费小于使用火电站调峰的方案[67]。

（3）替代模型（Surrogate Model）。智能优化算法易于处理非线性的数学模型，但复杂系统优化调度的大负荷运算将导致单次模拟过程耗时长，直接使用智能优化算法易导致计算时间过长。因此，引入替代模型可实现调度模型的降维。替代模型就是用替代映射代替解空间与目标空间的原始映射，在原始模型同等计算量条件下，以替代模型用最小的代价加速逼近最优解。替代模型的计算负荷小，运行时间短。替代模型种类繁多，可分为高精度响应曲面替代模型和低精度模拟过程简化模型两大类。高精度响应曲面替代模型主要通过数据驱动建立高精度的响应曲面实现替代，其应用最为广泛；低精度模拟过程简化主要是直接简化原始模拟结构的替代模型。Gong 等人在通用陆面模式通过使用高斯网络构建高精度的响应曲面，提出了一种多目标自适应替代模型的优化算法，并通过与第二代非支配遗传算法（Non-Dominated Sorting Genetic Algorithm Ⅱ，NSGA-Ⅱ）和替代模型工具箱（SUrrogate Modeling，SUMO）进行比较，发现可以在显著降低计算成本的同时保持好的优化效果，表明了替代模型的高效性[68]。Castelletti 等人提出了一种替代模型用于澳大利亚水库水质修复，将替代模型映射到决策者的满意度以识别 Pareto 前沿。研究表明，只要适当改变当前混合器的位置，即可在不明显损失精度的同时提高求解效率[69]。

2. 复杂系统的并行求解技术

并行计算是一种计算模式，它允许多个计算资源同时解决某一个复杂的问题。并行计算通常可以分为两类：时间上的并行和空间上的并行。目前常用的并行计算框架主要有 Hadoop、MPI、CUDA、MapReduce、OpenMP、Spark 等。并行计算可以充分利用计算机的 CPU 资源，发挥多处理器的性能，提高计算效率，在气象、医学、能源等领域得到了广泛的应用。

目前，基于优化求解算法的并行化已有一定的研究基础。Li 等人基于 MPI 框架提出了一种库群系统联合优化调度的并行动态规划算法，通过端对端并行范例对动态规划算法进行并行化，而且同时考虑了分布式计算和分布式计算存储，从而提高了计算效率[70]。Ma 等人基于云计算框架，提出了一种基于 Spark 的混合水库群并行动态规划算法，并将其成功应用于我国沅水流域八库系统中。研究表明，并行计算的效率受计算规模影响：当计算规模较小时，并行计算耗时大于串行计算耗时；当计算规模大到一定程度时，并行计算的优越性就体现出来了[71]。Wu 等人为了避免蚁群算法在搜索最优解时候陷入局部最优解，而加大迭代次数或者初始种群又会陷入耗时增加的困境，将蚁群算法和 MapReduce 框架耦合，提出了一种基于 MapReduce 的蚁群算法，在得到更优方案的同时减少了耗时[72]。

3. 多目标问题求解技术与权衡机制

流域风光水电系统优化调度涉及多个系统的多个目标，例如发电系统的效益、供电系统出力的稳定性，以及水库系统的生态、供水和航运等多方面功能，因此对其进行科学调度是一个多目标优化问题（Multi-Objective Optimization Problem，MOOP）。多目标优化问题是多能源优化模型必不可少的一部分，各目标之间通常相互制约，往往不存在唯一的全局最优解。目前，处理该问题的方法通常可以分为以下三类：一是约束法，将目标变为约束条件，使多目标问题转化为单目标问题进行优化求解，但需要逐次不断调整约束值来获取非劣解集，不能一次性获得完整的 Pareto 前沿[18]；二是权重法，通过一组权重值将多目标组合成单目标问题进行优化求解，通过不断摄动权重组合来获得一组非支配解，但该方法不适用于 Pareto 非凸的情况[17]；三是近年来出现的多目标进化算法，它可以同时优化多个互相矛盾的目标，可以在无偏好的情况下运行一次得到完整的 Pareto 前沿，且对于 Pareto 前沿不连续、不可微、非凸等情况均具有较好的鲁棒性，应用较为广泛[73]。

多目标进化算法发展迅速，如 NSGA、NSGA-II、NSGA-III 和基于自适应参考点的多目标进化算法（An Adaptive Reference Point-Based Multi-Objective Evolutionary Algorithm，AR-MOEA）等。Srinivas 和 Deb 于 1994 年提出了 NSGA 算法，具体是采用交叉和变异算子繁殖后代，随后通过非支配排序的方法对种群进行非支配分层，并选取优良个体进入下一代，以保证 Pareto 前沿面上的个体分布均匀[74]。为了提高多目标进化算法的计算效率，Deb 等人于 2002 年在 NSGA 算法的基础上提出了 NSGA-II 算法，具体是在不改变遗传算法的选择、交叉和变异算子的基础上，在选择操作算子上通过非支配排序操作对种群的个体进行分层排序，以保证本代优良个体的基因能获得较高的概率遗传给下一代个体，使得 Pareto 前沿分布更加均匀[75]。为了提高多目标进化算法在求解三个及三个以上目标时 Pareto 前沿分布的均匀性，Deb 和 Jain 于 2014 年在 NSGA-II 的基础上，在选择操作上引入了预设均匀分布的参考点策略，可以在精英选择策略时自适应地修改参考点以维护种群的多样性，使得种群在目标空间具有更好的多样性[76]。Tian

等人于 2018 年提出了一种可用于求解不规则 Pareto 前沿面的多目标进化算法
（AR-MOEA），具体是通过采用增强反世代距离（Enhanced Inverted Generational
Distance，IGD-NS）指标作为环境选择策略，并通过均匀分布的参考点作为计算
IGD-NS 指标的参考点，该算法同时在进化过程中根据种群的分布自适应调整参
考点的分布[77]。

1.2.3 风光水电系统多属性决策

1.2.3.1 确定型多属性决策

在风光水电系统调度方案的制定过程中，通常会面临多个目标、多个决策者
等问题，因此在决策前一般需要使用多目标优化技术求解非劣解集，随后结合决
策者偏好和各个指标对备选方案的贡献程度，选择一个科学而合理的调度方案用
于指导实际调度。王本德等人针对洪水调度方案制定问题，考虑发电量、最高水
位、弃水量、期末水位指标，提出了一种可以兼顾主观和客观的模糊优选模型[78]。
金菊良等人考虑常规方法在应用到流域水安全复杂系统综合评价存在缺陷，用遗
传算法、模糊数学、人工神经网络等智能方法对流域水安全进行综合评价[79]。陈
守煜等人结合可变模糊决策理论，考虑水库防洪调度不同阶段各个目标的重要性
不尽相同，提出了一种非结构性决策模糊集分析的二元比较法来确定指标权重[80]。
申海等人考虑水库调度决策过程中决策者对信息的认识可能片面，且存在一定的
犹豫程度，引入直觉模糊集理论，通过采用犹豫加权组合模型确定最优权重，以
应对不同时期的水库洪水调度决策[81]。Perera 等人在进行混合能源系统（Hybrid
Energy Systems，HESs）设计时，首先针对能源成本、负荷不足、浪费的能源、
石油消耗等目标，通过多目标优化得到 Pareto 前沿，然后考虑指标之间重要性程
度存在模糊性，使用模糊理想点法（Technique for Order of Preference by Similarity
to Ideal Solution，TOPSIS）对指标权重进行处理[82]。Sánchez-Lozano 等人在进行

风电场选址评估时，通过耦合模糊层次分析法和模糊 TOPSIS（FTOPSIS）对十个风电场选址相关的指标进行分析，研究表明，该方法适不仅可以评价定量的指标，还适用于定性的指标[83]。卢有麟基于决策者主观偏好和改进熵权确定客观权重，并耦合模糊集合论，提出了一种可以均衡考虑水库群多目标联合制定调度方案的决策方法[84]。Kang 等人在风电站综合选址决策中，使用模糊层次分析法（Fuzzy Analytic Hierarchy Process，FAHP）分析风电站收益、机会、开销和风险等指标来评估风电场项目的预期总体效益，从而选出最合适的风电场建设方案[85]。

1.2.3.2 随机型多属性决策

在风光水电系统决策中，越来越多的研究者认为使用确定性的决策模型进行决策可能不再适合，因为在决策过程中存在着更为复杂的不确定性信息。例如，决策者对于指标权重的主观判断可能存在冲突；不同客观赋权的方法对于指标权重不尽相同；待决策的指标值可能不再是简单的实数，可能表现为服从某个概率分布的随机变量等。因此，随机多属性决策的本质是考虑指标权重和指标值服从某一分布，随后利用决策模型将一系列指标值和指标权重概化成一个综合评价值，并根据该综合评价值对备选方案进行排序。Lin 等人在风光水电系统调度方案制定中，考虑群决策过程中不同决策者对于指标的认识和偏好不一，认为指标权重服从均匀分布，从而使用随机多准则可接受性分析二代模型（Stochastic Multicriteria Acceptability Analysis，SMAA-2）进行决策，得到了符合决策者偏好的方案[17]。覃晖将最高水位、最大下泄流量、年发电量和最小出力等指标描述为服从区间正态分布的随机变量，提出了一种基于可能的优势度与综合赋权相结合的风险型多属性决策方法[86]。Zhu 等人在覃晖的基础上，除了考虑指标值服从正态分布以外，还考虑了指标权重可能存在冲突，将其假定为均匀分布和正态分布，提出了一种水库防洪调度随机多属性决策模型。结果表明，该模型具有排序可接受性指标、中心向量和全局可接受性指标，能够为决策者提供丰富的决策信息[87]。

杨哲在制定水库群发电优化调度方案时，为了克服传统的确定性决策模型无法处理随机指标属性和权重的问题，在朱非林提出的 SMAA-TOPSIS 模型基础上，同时考虑到了 TOPSIS 模型在决策过程中可能存在理想方案不适用或无法实现等情况，进一步将灰关联分析与 SMAA-TOPSIS 耦合，得到了备选方案与理想方案的相对接近度、排名可接受性指标和全局可接受性指标，为水库群发电调度方案的制定提供了技术支撑[88]。

1.3 存在的问题剖析

要解决流域大规模风光水能资源高效利用和最大化风光水能资源的综合效益问题，关键在于如何充分利用风光水电出力的互补特性和发挥梯级水库群的调蓄作用。为此，亟须解决以下关键科学问题。

1. 流域中的风光水三能源互补特性规律揭示问题

当前，对可再生能源互补性评价的方法大多局限于两种能源互补特性，不适用于揭示风光水三能源互补特性规律，因此亟须提出适合三能源互补特性规律评价的方法。流域大规模风光水电一般在空间上分布范围较广，且地形条件、气象条件和气候条件较为复杂，使得流域范围内风光水电出力情况复杂多变，导致不同时间尺度下风光水电出力互补特性规律复杂多样。因此，如何量化分析流域内风光水多能系统在多时间尺度下的互补特性并阐明其规律，是实现流域大规模风光水能资源高效利用的重要基础，同时也是本书要解决的关键科学问题。

2. 风光水电系统长期多目标建模及高效求解技术建立的问题

由于部分水电站建站较早，规划和建设期间未考虑补偿风光出力。当使用水电站对流域风光出力进行风光水多能互补运行时，改变了梯级水电站的传统调度方式，难以保证风光水电系统长期综合效益。如何在协调风光水电系统长期发电效益的同时，兼顾电网安全、稳定运行和水电站下游河道生态健康等目标呢？要解决这一问题，必须建立适合风光水电系统多目标优化调度的模型。考虑到流域风光水电系统多目标优化调度模型求解是一个巨型、多维、非线性、多目标、复杂约束的优化问题，面临"维数灾难"和"多目标"等关键技术难题。因此，如何解析巨型系统复杂约束群耦合机制及优化问题结构化与半结构化特性，识别高维决策变量可行域动态演化机制，为构建复杂巨型约束多目标优化问题综合求解技术提供技术支撑，是本书将要研究的另一个关键科学问题。

3. 不确定性条件下风光水电系统群体科学决策的问题

在解决了第二个关键问题后，得到了非劣解集（即一组方案），如何从中选择最终的方案并用于制定科学合理的长期调度计划，是另一个需要解决的问题。由于风光水电系统调度计划制定涉及了风能、光能、水能、生态和群体决策等多个领域的知识，对于决策者制定科学合理调度计划的要求较高，同时由于群决策过程中决策群体偏好存在冲突、各个目标存在竞争的问题，要想得到满足决策群体偏好的调度方案较为困难，不同利益决策者的主观偏好不一致，且不同客观赋权方法所得的指标权重不一，指标权重在上述因素影响下存在一定的不确定性，因此如何构建全面考虑指标权重不确定性的风光水电系统随机多属性决策模型，从而制定满足决策群体偏好的调度方案，是本书将要研究的又一个关键科学问题。

4. 预报不确定性条件下风光水电系统短期安全运行的问题

流域中的风光水电短期安全运行包括风光出力预报，水电补偿调度和风险评估三个环节，这三个紧密联系的环节构成了风光水电系统短期预报-调度-风险评估过程链。风光出力预报受输入条件和模型参数影响，存在不确定性，导致整个过程链中各个环节存在相应的不确定性。因此，在解决了第三个关键问题之后，得到了长期调度计划作为风光水电系统短期安全、稳定运行的边界条件。那么，如何构建描述风电或光电单一能源出力预报不确定性的模型，揭示风电或光电单一能源出力预报不确定性到风光联合出力预报不确定性的动态演化机制，以及由于预报不确定性导致的水电补偿后出力存在短缺的风险过程是本书将要研究的第四个关键科学问题。

1.4 研究内容与技术路线

1.4.1 研究内容

本书后续将针对流域大规模风光水电系统优化调度面临的关键科学问题和技术难题，融合机器学习、系统工程、控制论、多目标优化、随机多属性决策、情景树和随机优化等理论方法，开展以下研究：深入研究流域大规模风光水电出力的电量补偿和电力补偿特性规律，进一步发展短期风光水能短期典型日出力筛选方法；构建复杂"电网-水网"嵌套作用下受多利益主体共同影响的风光水电系统多目标模型，揭示复杂问题背景下不同改进思想的多目标进化算法求解效率差异机制；提出风光水电系统群体决策的两阶段随机多属性决策的理论与方法，突破群体决策时由于信息不完备而难以有效进行决策的瓶颈；攻克流域风光短期出力不确定性描述方法，进一步阐明风电或光电单一能源出力预报不确定性到风光联合出力预报不确定性的动态演化机制，并揭示由于预报不确定性导致风光水联合运行出力存在短缺的风险过程，为风光水互补运行提供理论与技术支撑。本书的主要研究内容如下。

1. 流域风光水电出力互补特性研究

针对现有研究对可再生能源互补特性评价局限于两种能源的问题，首先定义可再生能源互补性概念，建立风光水电系统出力计算数学模型，建立适合风光水三能源互补性评价指标体系，探明风光出力对水电能源出力的长期电量补偿特性；考虑到风光水三能源短期互补特性因受气象条件扰动呈现的复杂多变规律难以辨识的问题，提出基于机器学习理论的风光水三能源典型日智能筛选模型，以精确筛选风光水三能源短期典型日，定量评估水电出力对风光出力的短期电力补偿特性；剖析长期尺度和短期尺度对于评价风光水电互补特性差异的机制。

2. 风光水电系统长期多目标建模及求解技术

在得到了风光水三能源长期互补特性规律基础上，考虑到流域风光水多能互补运行调度问题是一个复杂"电网-水网"嵌套作用下受多利益主体共同影响的问题，构建统筹风光水电系统发电效益，电网安全、稳定运行和水电站下游河道生态健康的风光水电系统长期多目标模型。考虑到风光水电多目标模型求解是一个巨型、多维、非线性、多目标、复杂约束的优化问题，基于大系统分解思想将风光水电系统解耦成风光被补偿子系统和水电子系统，并根据子系统特点，引入Pareto 优化理论和现代智能优化理论，识别高维决策变量动态可行域演化范围，从多目标进化算法自身和风光水电系统自身出发，分别提出从数学角度（多目标进化算法自身）和物理角度（风光水电系统物理层面）两种不同改进思想的NSGA-Ⅲ算法，剖析两种不同改进思想的 NSGA-Ⅲ算法求解风光水电系统复杂问题效率差异的机制，识别风光水电系统多目标之间的竞争关系。

3. 基于 IFAHP-SMAA-VIKOR 模型的随机多属性决策研究

在得到风光水电系统的非劣解集（即一组方案）的基础上，考虑风光水电系统策群决策过程中不同阶段可获取信息量不同，引入可行权重空间概念，提出考虑指标权重不确定性的风光水电系统两阶段群体决策方法。首先，在决策的第一阶段提出 SMAA-VIKOR 模型进行反权重空间分析，以突破群决策初期因受自身知识受限指标权重不清楚的问题，明晰指标权重空间；其次，在决策的第二阶段，决策者对于各个方案和指标权重认识逐渐清晰，但对于指标权重还存在相应的模糊性，此时引入直觉模糊层次分析理论（Intuitionistic Fuzzy Analytic Hierarchy Process，IFAHP），提出允许决策群体表达模糊主观偏好的 IFAHP-SMAA-VIKOR 模型，丰富不确定性条件下风光水电系统调度方案科学制定的随机多属性决策方法库。

4. 风光预报不确定性条件下的风光水电系统短期联合运行及风险分析

将得到的风光水电系统长期调度计划作为风光水电系统短期安全运行的边界条件，以及在前文得到的风光水电短期互补特性基础上，提出考虑风光出力预报不确定性条件下风光水电系统短期安全运行方法。构建通用鞅模型描述风电和光电出力预报不确定性特征，结合随机优化调度理论，构建耦合风光出力预报不确定性动态演进的风光水电系统短期随机优化调度模型，揭示风电或光电从单一能源出力预报不确定性到风光联合出力预报不确定性的动态演化机制，以及由于预报不确定性导致水电补偿后出力存在短缺的风险过程。

1.4.2 技术路线

本书总体研究方案采用逐层递进的研究方法：研究内容的第一点是通过研究流域风光出力对水电出力的长期电量补偿特性，以及水电出力对风光出力的短期电力补偿特性，为研究内容的第二点和第四点的长期和短期调度提供互补特性规律；研究内容的第二点是通过构建风光水电系统长期多目标模型以满足风光水电系统的综合效益，并提出高效求解算法，得到分布更均匀和广泛的非劣解集，为研究内容的第三点决策者做出风险型决策提供长期调度方案集；研究内容的第三点是提出风光水电系统调度方案科学制定的多属性决策两阶段方法，以满足决策者在决策过程对于指标权重认识从未知到逐渐清晰的过程，为群决策提供丰富的决策信息，得到科学合理的长期调度方案，为研究内容的第四点风光水电系统短期联合运行提供边界条件；研究内容的第四点是提出风光水电系统短期安全运行方法，通过构建通用鞅模型描述风电或光电单一能源出力不确定性特征，并构建耦合风光出力预报不确定性动态演进的随机优化调度模型，得到水电补偿后出力短缺情况及其风险分析，为决策者短期制定风光水电系统的调度计划提供决策支持。本书主要研究内容及技术路线如图 1.3 所示。

流域研究区域气象和水电站工程特性等资料

风光水电系统长期多目标建模及求解技术

风光水电系统两阶段随机多属性决策研究

预报不确定性条件下风光水电系统短期联合运行及风险分析

短期互补特性规律

长期互补特性规律

流域风光水电出力互补特性研究

收集研究区域气象和水电站工程特性等资料

出力标准化

- 风电出力计算模型
- 光电出力计算模型
- 水电出力计算模型

- 风电出力系统出力计算模型

风光水电出力互补性评价模型

- 相关系数评价
- 综合互补系数

建立典型日筛选模型

短期互补性评价

长期互补性评价

长期和短期互补性评价的差异分析

揭示研究区域风光水电出力互补性规律

技术支撑

风光水电系统长期多目标建模及求解技术

建立风光水电系统长期多目标模型

- 发电效益目标
- 出力稳定性目标
- 下游生态效益目标
- 调度期末水位、末水位
- 水位—库容关系、入库流量和出力等约束条件

基于多竞争算子自适应改进NSGA-III算法

- 引入竞争算子和三分进化算子
- 建立竞争算子自适应策略
- 建立搜索算子全域信息共享策略

基于约束束缚的改进型NSGA-III算法

- 研究风光水电系统多目标的物理特性
- 提出基于风光水电物理特性的约束束缚性改进多目标进化算法

剖析两类不同改进思想的多目标优化算法求解展望风光水电系统复杂多目标的约束束缚差异机制的机理

非劣解集

技术支撑

风光水电系统两阶段随机多属性决策研究

提出指标权重确定和多属性决策的数学描述及表达方法

- 确定可行权重概念
- 确定性权重
- 权重限入任意分布
- 权重信息完全未知

第一阶段确定随机多属性决策随机型群体的数学描述及表达方法

- 排序可接受性指标
- 全局期望指标
- 中心权重向量

第二阶段确定随机多属性决策随机型群体测试

- 真实模糊数
- 真实模糊判断矩阵
- 排序可接受性指标
- 全局可接受性指标

得出科学合理的风光水电系统调度方案

长期调度计划

技术支撑

预报不确定性条件下风光水电系统短期联合运行及风险分析

统计风速和太阳辐射误差并估计其分布

- 风电出力和光电出力—出力预报不确定性和太阳辐射误差不确定性
- 基于通用协临模型生成风速和太阳辐射情景对
- 计算风光电出力电量—出力并量和其不确定性

计算风光联合出力并量化不确定性

- 目标函数、满足负荷需求的前提下下载最小化水电
- 出库期末水位
- 水位—库容关系、出库流量和出力等约束条件

风光水电随机优化调度模型

基于Lingo的全局求解器求解

风光水系统调度方案制定

对比含有无水电储备性情况及风险

技术支撑

风光水多能互补优化调度及风险分析研究

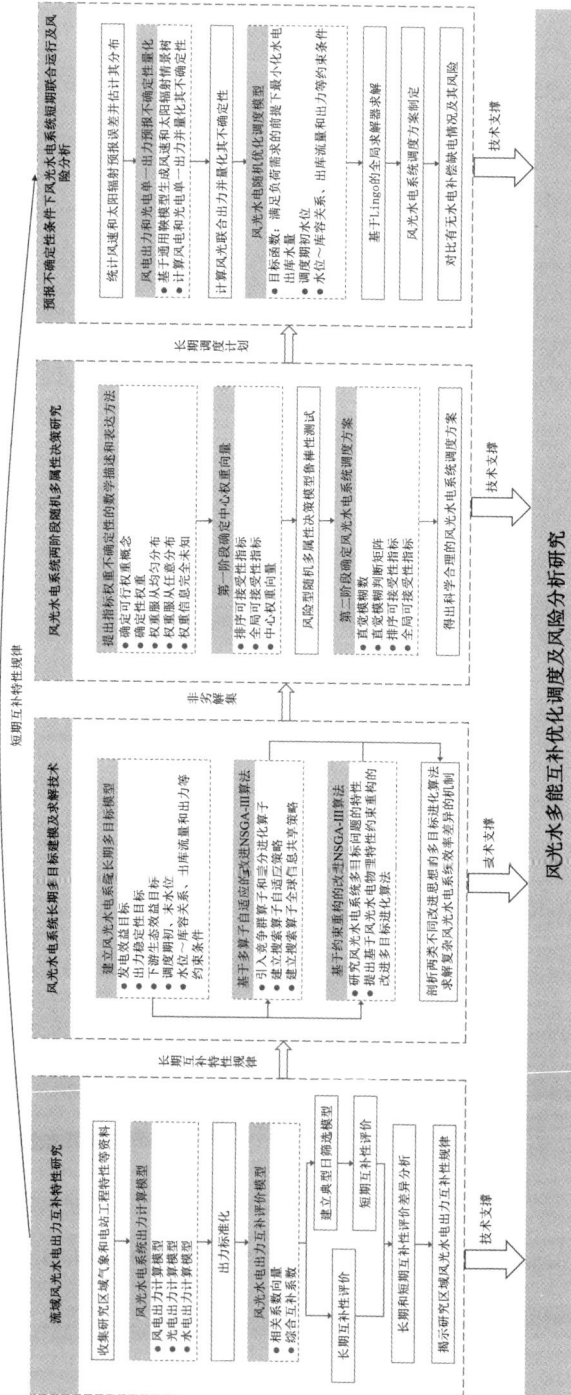

图 2.3 本书主要研究内容及技术路线

第 2 章　流域风光水电出力互补特性研究

　　流域大规模风光水电在空间上一般分布范围较广，地形条件、气候条件和气象条件较为复杂，使得流域范围内风光水能资源情况复杂多变，致使不同时间尺度下风光水电出力互补特性规律复杂多样。开展流域风光水电出力在不同时间尺度上的互补性分析研究，是进行风光水多能互补优化调度的基础。

　　现有风光水能源互补性评价研究大都局限于风光、风水或水光两种能源的互补特性，不适用于揭示风光水三能源互补特性规律。为揭示流域大规模风光水三能源在多时间尺度互补特性规律，本章首先定义可再生能源互补性概念，建立风光水电出力计算的数学模型；建立适合三能源互补特性评价的指标体系，结合历史气象资料，从长期尺度对雅砻江流域的风光水电出力互补特性进行评估，定量分析风光出力对水电出力的长期电量补偿特性。考虑到风光水三能源短期出力受气象条件剧烈变化影响，导致其短期互补特性极其复杂，而机器学习在大规模复杂数据处理、分析方面具有精确、规模化和高效等特点，本章还将提出基于机器学习理论的风光水三能源短期典型日智能筛选方法，突破传统方法面对复杂多变的气象条件难以精确筛选典型日的问题，定量分析水电出力短期对风光出力的电力补偿特性。考虑到不同时间计算步长对风光水电出力互补特性结果的影响，本章最后将剖析不同时间计算步长对风光水电出力互补特性评价结果的差异。

2.1　互补特性评价

　　流域内的风光出力具有随机波动性，如果在短时间内其出力变化幅度较大，会对电力系统的有功功率平衡以及频率稳定产生相应的影响。此时，为了维持系统安全、稳定运行，需要电网提前准备好充足的快速反应容量[89]。而水电站具有启停迅速、运行灵活等特点，电网工作人员可以通过实时监控风光出力情况，对水电站工作人员下达相应的指令，以通过水电出力快速调整补偿频繁波动的风光出力，实现电力系统的安全、稳定运行。

枯季一般是风电和光电多发的季节，可以通过水电快速启停的能力保障风电和光电的优先入网；雨季是风电和光电少发的季节，水电可以充分利用汛期来水多发或满发[2]。短期利用水电的快速调节能力补偿具有随机性和波动性的风光出力，可以解决大规模风、光电集中并网难题；同时，长期利用风、光电和水电的丰枯互补特性，还能解决风、光电以及水电在各自少发的季节电量不足的困扰。因此，开展流域风光水电出力互补特性分析，对解决流域风光水电互补稳定运行意义重大。

2.1.1 风光水电出力计算

1. 风电出力计算

风电站出力计算方式[90]见下式：

$$PW_{k,t} = \frac{1}{2}\rho S_A N_k u_{k,t}^3 \tag{2.1}$$

$$PW_t = \sum_{k=1}^{N_W} PW_{k,t} \tag{2.2}$$

式中，S_A 是风力发电机轮毂的面积，ρ 是空气密度，N_k 是第 k 个风电站中风力发电机的台数，PW_t 是各风电站出力之和，N_W 是风电站的个数，$u_{k,t}$ 是风力发电机轮毂处的风速，将气象站实测风速（10m/s）通过风速转换关系[17]换算成轮毂处高程（80m 高空）的风速，具体见下式：

$$u_{k,t} = u_{k,t}^a \left(\frac{h}{10}\right)^{\alpha(h)} \tag{2.3}$$

式中，$u_{k,t}$ 和 $u_{k,t}^a$ 分别是风力发电机轮毂处高度和距地面 10m 处的风速，h 是风力发电机轮毂处（80m 高空）的高度，$\alpha(h)$ 是高度转换系数。

2. 光电出力计算

本节研究不具储能系统的大型光伏发电系统，采用 Crook 等人提出的光伏出力计算模型[91]，具体见式（2.4）：

$$PPV_{d,t} = P_{stc} \frac{G_{tot,t}^d}{G_{stc}} \left[1 - \beta (T_{cell,t}^d - T_{ref}) \right] A_{PV}^d \tag{2.4}$$

$$PPV_t = \sum_{d=1}^{N_{PV}} PPV_{d,t} \tag{2.5}$$

式中，$PPV_{d,t}$ 是第 d 个光伏电站第 t 时段的出力，P_{stc} 是标准条件下（对应太阳辐射强度 $G_{stc} = 1000 \text{W/m}^2$，温度 $T_{ref} = 25\,℃$）光伏电池板的出力，$G_{tot,t}^d$ 是第 d 个光伏电站第 t 时段的实际太阳辐射强度，系数 β 反映了热损耗效率（对于单晶硅光伏电池，一般取 0.45%/℃）[8]，A_{PV}^d 是第 d 个光伏电站光伏板的面积，PPV_t 是各光伏电站出力之和，N_{PV} 是光伏电站的个数。

3. 水电出力计算

水电站出力计算方式见下式：

$$PH_{i,t} = OP_{i,t} / g(\Delta H_{i,t}) \tag{2.6}$$

$$PH_t = \sum_{i=1}^{N_H} PH_{i,t} \tag{2.7}$$

式中，$PH_{i,t}$ 是第 i 个水电站第 t 时段的出力，$g(\bullet)$ 函数为水电站出力特性函数，$OP_{i,t}$ 是发电流量，$\Delta H_{i,t}$ 是发电水头，PH_t 是各水电站出力之和，N_H 是水电站的个数。

4. 出力标准化处理

风电站、光伏电站和水电站装机容量可能相差较大，为了避免装机容量大小对互补性带来的干扰，在进行互补性分析前，应对风电、光电和水电出力进行标准化处理，使得互补性分析的结果具有可靠性。本节采用最大-最小值标准化方法，具体计算方式下式：

$$PWnew_t = \frac{PWnew_t - \min(PWnew_t)}{\max(PWnew_t) - \min(PWnew_t)} \tag{2.8}$$

式中，$\min(PWnew_t)$ 是风电站最小出力，$\max(PWnew_t)$ 是风电站最大出力，$PWnew_t$ 是标准化后风电站的出力。

同理，光电站和水电站出力的标准化也采用上述方法。

2.1.2 两种能源出力互补性评价指标

不同类型的能源，其出力在某一时间段内具有变化方向相反或者相互抵消，使得总出力呈现出较为平稳的效果，这种特性可以称为互补特性。图 2.1 以余弦函数展示了两种能源出力在五种不同状态下的互补性，各个图之间的相位差分别为 0、$T/8$、$T/4$、$3T/8$ 和 $T/2$（T 为余弦函数的一个周期），直线为负荷需求，颜色最深的部分为能源 A 和 B 出力不能满足负荷导致的出力短缺情况。

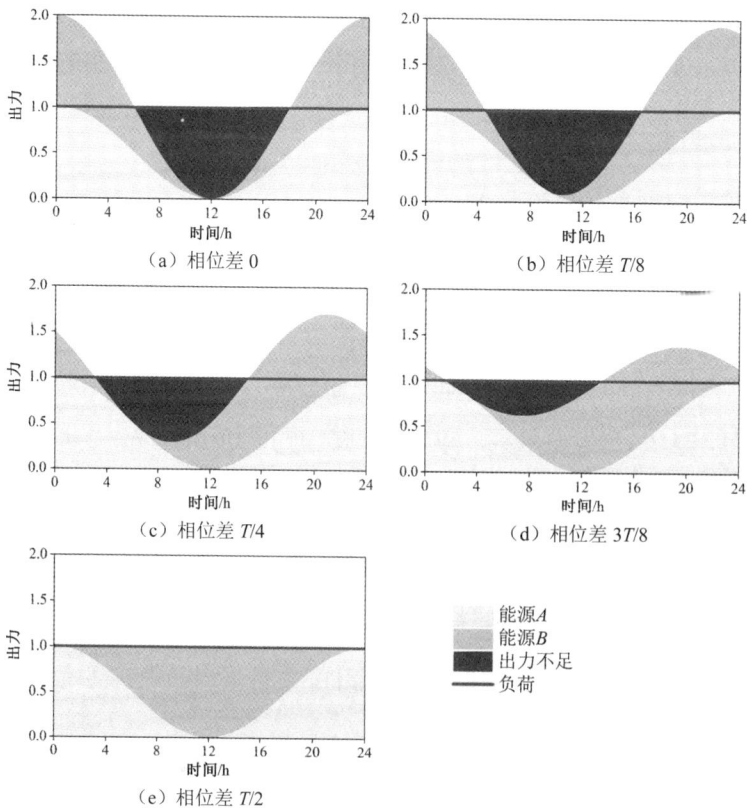

图 2.1　两类能源出力的互补性示意图

　　从图 2.1 中可以看出，从相位差为 0 到相位差为 $T/2$，蓝色区域的面积不断减小，即能源 A 和能源 B 满足负荷时的出力短缺程度不断减小。图 2.1（a）相位差为 0，当时间为 0 时，能源 A 和能源 B 的出力均处于其峰值，出力为 1；且当时间为 12 时，能源 A 和能源 B 的出力均处于其谷底，出力为 0，即能源 A 和能源 B 的出力呈现出完全相依的情况。而图 2.1（e）相位差为 $T/2$，当时间为 0 时，能源 A 的出力处于其峰值，出力为 1，而此时能源 B 的出力处于谷底，出力为 0；当时间为 12 时，能源 A 的出力处于谷底，出力为 0，此时能源 B 的出力正好处于其峰值，出力为 1，呈现出完全相反的关系，即完全互补。

　　目前，Pearson 相关系数和 Spearman 秩相关系数常被用来衡量两个随机变量之间的相依性程度，但 Pearson 相关系数要求随机变量符合二元高斯分布，对于随机变量之间存在单调非线性畸变关系的情况，此时若仍采用 Pearson 相关系数进行相应的计算分析，得到的结果会存在一定的误差。Spearman 秩相关系数是 Pearson 相关系数的一种变体，它首先对随机变量 X 和 Y 进行排序，随后对其排序位置求解 Pearson 相关系数，其对随机变量 X 和 Y 没有服从正态分布的要求，适用于随机变量之间存在单调非线性畸变关系的场景，在现实场景中的应用更为广泛。风光水电出力受气象和地形等条件影响，一般难以满足二元高斯分布条件，因此本节采用 Spearman 秩相关系数进行两种能源之间的相关性分析，如下式所示：

$$r_s = \rho_{rg_X, rg_Y} = \frac{\mathrm{cov}(rg_X, rg_Y)}{\sigma_{rg_X} \sigma_{rg_Y}} \tag{2.9}$$

式中，X 和 Y 为随机变量，rg_X 和 rg_Y 分别为随机变量 X 和 Y 的排序值，σ_{rg_X} 和 σ_{rg_Y} 分别为标准差。

　　表 2.1 展示了图 2.1 中两种能源在五种不同状态下的 Spearman 秩相关系数。可以看出，当相位差为 0 时，图 2.1（a）展现出出力同大同小时，其 Spearman 秩相关系数为 1；当相位差为 $T/2$ 时，图 2.1（e）展现出两种能源出力情况完全相反

时，其 Spearman 秩相关系数为–1；其他三种状态的 Spearman 秩相关系数均介于–1 与 1 之间。

表 2.1　能源 A 和能源 B 的出力在五种不同状态下的 Spearman 秩相关系数

项目	相位差 0	相位差 $T/8$	相位差 $T/4$	相位差 $3T/8$	相位差 $T/2$
Spearman 秩相关系数	1	0.691	0.002	−0.686	−1

2.1.3　三种能源出力互补性评价指标

相关系数一般多用于衡量两个随机变量之间的相依关系，对于风光水三能源来说，上述相关系数不能直接用来描述三能源出力的互补特性关系。

定义 CC_{ws}、CC_{wh} 和 CC_{sh} 分别表示风光、风水和光水出力的 Spearman 秩相关系数，则风光水电出力综合向量 c 可以由风光、风水和光水出力的 Spearman 秩相关系数向量组成，具体如图 2.2 所示。向量 $\overrightarrow{ws}$、$\overrightarrow{wh}$ 和 $\overrightarrow{sh}$ 分别表示风光、风水和光水方向向量，见下式：

$$c = CC_{ws}\overrightarrow{ws} + CC_{wh}\overrightarrow{wh} + CC_{sh}\overrightarrow{sh} \tag{2.10}$$

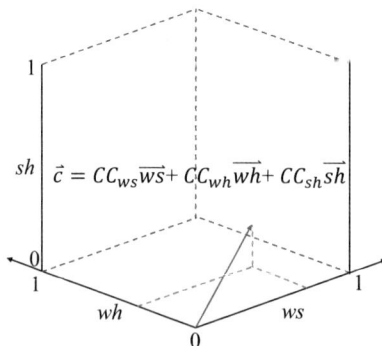

图 2.2　风光水电出力综合向量示意图

定义 $L_p(c)$ 为每个能源组合向量到综合向量 c 的综合距离：

$$L_p(c) = \left[\sum_{k=1}^{n} \alpha_k^p \left| \frac{f_k^{best} - f_k(c)}{f_k^{best} - f_k^{worst}} \right|^p \right]^{1/p} \tag{2.11}$$

式中，$f_k(c)$ 是向量 c 所对应的值，α_k^p 为第 k 个分量的权重系数，本节考虑各个向量具有相同的重要性，即 $\alpha_k^p = 1$，p 是确定 f_k^{best} 和 $f_k(c)$ 之间的几何距离参数。当 p 取 1 时，所有与 f_k^{best} 的偏差均可以看成它们的线性比例；当 $2 \leq p < \infty$ 时，偏差越大具有越大的影响。$p = 2$ 时，该比例是欧氏距离（Euclidean Distance，ED）。本节取 $p = 1$，即采用线性方法评估综合互补性，f_k^{best} 和 f_k^{worst} 分别为两两混合能源组合 k 互补性最好和互补性最差的情况的相关系数，即 $f_k^{best} = -1$，$f_k^{worst} = 1$。由上式可知，$L_p(c)$ 的取值范围在区间 $[0, n^{1/p}]$，其中，$L_p(c)$ 取 0 为互补情况最好，$L_p(c)$ 取 $n^{1/p}$ 为互补情况最差。将 $L_p(c)$ 进行归一化，可得：

$$k_t(c) = \frac{3 - L_p(c)}{2.25} \tag{2.12}$$

式中，综合互补系数 $k_t(c)$ 的取值介于 0 和 1 之间，当 $k_t(c) = 0.00$ 时，表示其互补性最差，当 $k_t(c) = 1.00$ 时，表示其互补性最好，Spearman 秩相关系数与综合互补系数 $k_t(c)$ 具体的对应关系[92]如表 2.2 所示。

表 2.2　Spearman 秩相关系数与综合互补系数的对应关系

项目	Spearman 秩相关系数	综合互补系数	描述
相似程度	$0.9 \leq CC \leq 1.0$	$0.00 \leq k_t(c) < 0.05$	非常相似
	$0.6 \leq CC < 0.9$	$0.05 \leq k_t(c) < 0.20$	较相似
	$0.3 \leq CC < 0.6$	$0.20 \leq k_t(c) < 0.35$	中等相似
	$0.0 \leq CC < 0.3$	$0.35 \leq k_t(c) < 0.50$	弱相似
互补程度	$-0.3 < CC \leq 0.0$	$0.50 \leq k_t(c) < 0.65$	弱互补
	$-0.6 < CC \leq -0.3$	$0.65 \leq k_t(c) < 0.80$	中等互补
	$-0.9 < CC \leq 0.6$	$0.80 \leq k_t(c) < 0.95$	较互补
	$-1.0 \leq CC \leq -0.9$	$0.95 \leq k_t(c) \leq 1.00$	非常互补

2.2 典型日智能筛选模型

短期风光水电出力互补特性很大程度上受到气象条件影响，由于短期风速、太阳辐射以及汛期流量均受气象条件影响，不同天气类型短期特性差异较大，因此在分析短期风光水电出力互补特性之前提前筛选出典型日是非常必要的。如果简单地将不同类型天气分为大风、小风、晴天、阴天、降雨和不降雨等情况，降雨一般伴随着阴天，不能完全涵盖所有的气象情况。

机器学习在大规模数据处理、分析方面具有精确、规模化和高效等特点，目前在军事、生物、交通和能源等领域应用广泛，因此，本节希望通过机器学习的方法对各类典型天气进行智能划分。目前机器学习常被分为有监督学习[93]和无监督学习[94]，它们的区别是输入模型的训练数据有无标签，若相应数据有标签，则称为有监督学习，反之则称为无监督学习。由于风光水电出力的典型日在分类前无法提前获取，因此本节选用在无监督分类上被广泛应用的 K-Means 算法。但是，K-Means 算法在计算各个样本与中心向量的距离采用的是欧氏距离[95]，它是通过计算向量之间的 L2 范数，如果向量之间存在相位上的偏移，容易造成仅有相位偏移的向量其欧氏距离较大，与预期事实不符的结果，而动态时间弯曲距离（Dynamic Time Warping，DTW）算法基于优化的思想将时间规整和距离测度结合起来，可以很好地解决序列间存在相位偏移或序列长短不一等问题[96]。

本节首先介绍 K-Means 算法的思想，随后在 K-Means 算法的基础上，采用 DTW 算法改进原始 K-Means 算法中的 ED 算法，建立了新的 K-Means-DTW 算法。为了与采用 DTW 算法作为测度进行区分，将使用 ED 算法作为测度的 K-Means 算法记为 K-Means-ED。

2.2.1 K-Means 算法概述

K-Means 算法属于无监督聚类的方法，由 Steinhaus 在 1956 年提出[97]，随后在噪声信号[95]、图像分割[98]和文件聚类[99]等领域被广泛使用。MacQueen 于 1967 年通过理论证明了 K-Means 算法的收敛性[100]，具体思路描述如下：它在分类迭代过程时通过不断调整中心向量，在每次迭代过程中不断计算中心向量与其他向量之间的距离，使得簇内的向量尽量集中，而让簇与簇之间的向量距离尽量大，从而达到分类的目的。

首先随机从数据集 X 中选取 K 个向量作为初始的聚类中心，根据数据集 X 中的其他样本 x_i 分别计算到各个聚类中心 $c_k(k=1,2,\ldots,K)$ 的距离，与聚类中心 c_k 最近的向量划为一类形成 K 个数据集合；然后重新计算每个数据集合的聚类中心 $c_k'(k=1,2,\ldots,K)$，并对数据集 X 其他向量按照上述计算方式进行重新分类，直到每次划分的结果保持不变或者达到指定的迭代次数为止。K-Means 算法流程图如图 2.3 所示。

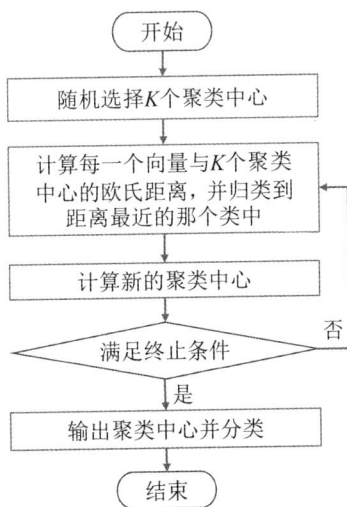

图 2.3　K-Means 算法流程图

K-Means 算法在计算序列之间的距离时采用的是传统的欧氏距离。欧氏距离具有简单、高效的优点，在很多领域被广泛使用，它衡量的是多维空间中各个序列之间的绝对距离，具体形式如下式所示：

$$Dist_{euclidean}(c_k) = \sum_{x_i \in c_k} \|x_i - c_k\|^2 \tag{2.13}$$

欧氏距离计算两个序列是通过点对点来一一对应的，如图 2.4 所示。从图中可以看出，序列 1 和序列 3 相位一样，但是其形态发生了很大改变，其欧氏距离计算结果为 0.45；而序列 1 和序列 2 形态完全一样，仅在相位有一个单位的偏移，其欧氏距离计算结果为 1.13，远大于序列 1 和序列 3 的欧氏距离。此时，如果采用欧氏距离作为测度时，容易将仅存在相位偏移的时间序列分配到不同类别。

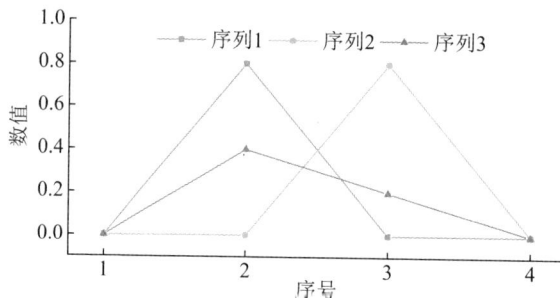

图 2.4　欧氏距离示意图

2.2.2　K-Means-DTW 算法概述

DTW 算法是由 Sakoe 和 Chiba[101]在 1978 年提出的，并应用于语音数字处理领域。由于其不是严格按照时间轴上点对点进行计算，因此允许时间序列轴的相位偏移。DTW 算法在后续的几十年里得到了广泛的应用。相比于传统的欧氏距离，DTW 算法基于时间规整和距离度量两个方面寻找两个时间序列之间的对应关系，利用动态规划的思想，对两个时间序列之间进行最优的路径匹配，可以克服两个时间序列存在的时间不同步问题，以保证两个时间序列存在最大的相似。DTW 算法对齐方式和弯曲路径示意图如图 2.5 所示。

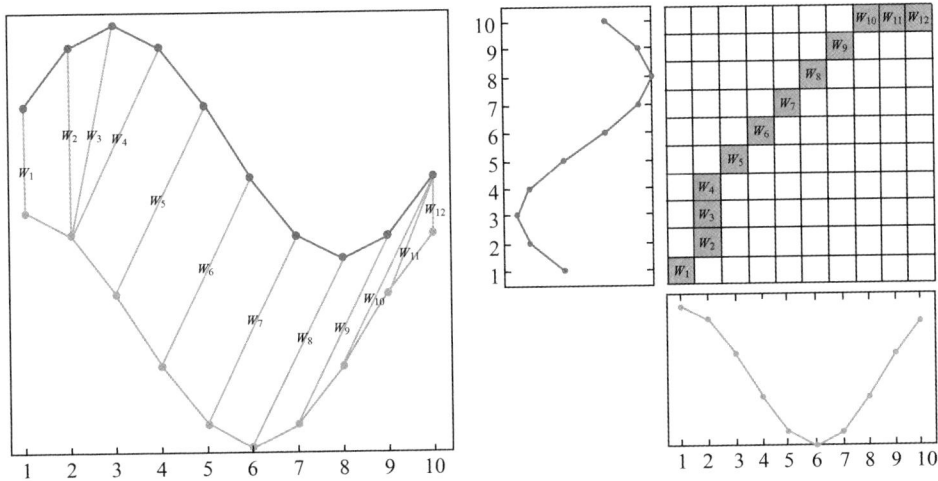

图 2.5　DTW 算法对齐方式和弯曲路径示意图

给定两个时间序列 X 和 Y，长度分别为 $|X|$ 和 $|Y|$：

$$X = x_1, x_2, \ldots, x_i, \ldots, x_{|X|}$$
$$Y = y_1, y_2, \ldots, y_j, \ldots, y_{|Y|}$$

（2.14）

构造弯曲路径 W：

$$W = w_1, w_2, \ldots, w_k, \quad \max(|X|, |Y|) \leqslant K < |X| + |Y|$$

（2.15）

式中，K 是弯曲距离的长度。第 k^{th} 个元素的弯曲路径为

$$w_k = (i, j)$$

（2.16）

式中，i 是时间序列 X 的下标，j 是时间序列 Y 的下标。同时，动态时间弯曲距离还得满足以下三个条件。

（1）边界条件，即每个时间序列从 $w_1 = (1,1)$ 开始，在每个时间序列 $w_K = (|X|, |Y|)$ 处终止。

（2）单调性，弯曲路径的序号 i 和 j 得满足单调增加，这也解释了图 2.5 中的弯曲距离上的线不会重叠。

（3）连续性，时间序列上的下标都必须在弯曲距离上使用，即

$$w_k = (i, j), \ w_{k+1} = (i', j') \quad i \leqslant i' \leqslant i+1, \ j \leqslant j' \leqslant j+1 \tag{2.17}$$

则最短的弯曲距离为

$$Dist(W) = \min\left[\sum_{k=1}^{k=K} Dist(w_{ki}, w_{kj})\right] \tag{2.18}$$

式中，$Dist(w_{ki}, w_{kj})$ 是第 k 个元素两个时间序列的弯曲距离。

为了求得式（2.18），通常可以采用动态规划的方法，即

$$D(i, j) = Dist(i, j) + \min[D(i-1, j), D(i, j-1), D(i-1, j-1)] \tag{2.19}$$

式中，$i \in (1, |X|], j \in (1, |Y|]$，且 $D(i, j)$ 表示当前最优的弯曲距离，即时间序列 X 的前 i 个点和时间序列 Y 的前 j 个点之间的最优弯曲距离。

对于图 2.4 中的序列 1、序列 2 和序列 3，采用 DTW 算法进行计算，可以得到 $Dist(1, 2) = 0$，$Dist(1, 3) = 0.6$。从计算结果可以看出，采用 DTW 算法作为距离度量可以消除由于相位偏移带来的影响，将其融入 K-Means 算法可以更好地将属于同一类型的天气划分到同一类。风光水三能源具体的 K-Means-DTW 算法筛选典型日流程图如图 2.6 所示。

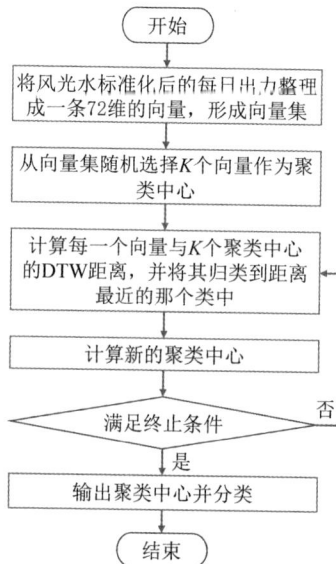

图 2.6 K-Means-DTW 算法筛选典型日流程图

2.3 实 例 研 究

本章首先对研究区域雅砻江流域的整体概况进行介绍,然后分别就雅砻江流域风光水电出力在长期和短期的互补特性进行研究,为了剖析不同时间计算步长对于互补性程度的差异,最后使用不同时间计算步长对雅砻江流域风光水电出力进行研究。

2.3.1 研究区域概况

雅砻江流域干流全长 1571km,流域面积 13.6km^2,天然落差 3830m,年径流量 596 亿 m^3。雅砻江干流共规划初拟了 22 个梯级,总装机容量约 3000 万 kW,年发电量 1300 亿 kW·h,在我国十三大水电基地中位列第三,具有水能资源丰富、调节性能好和经济指标优越等突出特点[102]。在"十三五"期间,雅砻江水电开发有限公司依托"一个主体开发一条江"理念,在稳步推进雅砻江流域水能资源开发的同时,积极拓展风、光等新能源领域,着手打造世界级的千万千瓦级的风光水互补清洁能源示范基地[103]。雅砻江流经的川西地区风能和太阳能资源丰富,具备良好的风、光电站建设条件。根据初步规划成果,雅砻江流域沿岸将布局风电场址 74 个,光电场址 26 个,风光电项目总装机容量约 3000 万 kW,年发电量约 500 亿 kW·h。按目前的规划,雅砻江风光水互补清洁能源示范基地的总装机将达到 6000 万 kW·h,是世界上目前规划最大的风光水互补清洁能源示范基地[7]。

然而,风光发电受自然条件影响,其出力在时间上分布不稳定,在空间上分布不均衡,具有波动性、随机性和间歇性的特点[104]。风光资源在时空上的随机性和间歇性等特点导致风光出力频繁波动,加剧了电网调频和调峰的压力,对电网的安全、稳定运行影响较大,从而限制了电网对风光电的消纳能力。雅砻江流域规划风光电规划装机容量约 3000 万 kW，如此大规模的间歇性能源接入电网，势必对电网的安全、稳定运行带来巨大的影响。因此，如何平缓雅砻江流域风光出力频繁的波动，保障其并网后电力系统能安全、稳定运行，这是解决雅砻江流域大规模风光能源接入电网安全、稳定运行的关键。

2.3.2　风光水电出力长期互补性评价

选择 1980—2018 年雅砻江流域逐小时风速、太阳辐射、温度和入库径流资料，输入 2.1.1 节的公式进行相应的出力计算，得到 1980—2018 年雅砻江流域长系列逐小时出力，对结果进行标准化，得到标准化的长系列逐小时风光水电出力，对长系列的风光水电出力进行求平均，可得到月平均出力，如图 2.7 所示。从图 2.7 可以看出，雅砻江流域水电月平均出力在各月之间变化幅度最大，主汛期（6—9 月）出力较大，月平均最大出力可以达到枯季最小出力的 5 倍，水

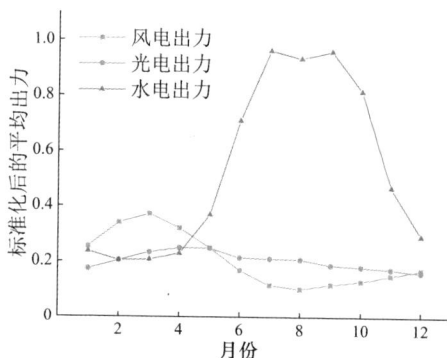

图 2.7　标准化后的风光水电月平均出力

电月平均出力标准差为 0.32；风电月平均出力在各月之间变化幅度次之，风电在冬季（12 月至次年 2 月）和春季（3—5 月）出力较大，其中 3 月的月平均出力可以达到 8 月的月平均出力的 4 倍，风电月平均出力标准差为 0.10；光电出力在各月之间的变化幅度最小，月平均出力最大的月份（4 月）仅为最小的月份（12 月）1.55 倍，光电月平均出力标准差为 0.03。

基于 2.1.2 节提出的互补性指标，计算风光、风水和水光的 Spearman 秩相关系数，其结果分别为 0.273、–0.958 和 –0.133，可以得到风光水电月平均的互补性结果，如表 2.3 所示。

表 2.3   风光水电月平均的互补性结果

综合向量	$0.272\overline{ws} - 0.958\overline{wh} - 0.133\overline{sh}$
综合距离	1.091
综合互补系数	0.848

结合表 2.3 的互补性向量和图 2.7，可以看出风电和光电月平均出力表现出一定的趋同性，均在冬、春季较大，夏、秋季较小；风电和水电月平均出力互补特性最好，水电和光电月平均出力互补性次之，当水电在冬、春季出力较小时，此时风电和光电的出力较大，而水电在夏、秋季出力较大时，风电和光电出力正好较小。

从表 2.3 可知，雅砻江流域风光水月平均出力的综合互补系数为 0.848，对比表 2.2，可以得到雅砻江流域风光水能源在月尺度上总体上呈现出较好的互补特性。为了进一步分析风光水能源两两组合对综合互补系数的贡献程度，基于式（2.10）和式（2.11），分别计算风光水电出力两两组合对综合互补系数的贡献程度，具体结果如图 2.8 所示。图 2.8 中灰色区域指的是各个能源组合对综合互补系数的贡献较为均匀，此时每个能源组合的贡献程度至少达到 20%。而雅砻江流域风光水能源两两组合对综合互补系数贡献如图 2.8 中的点所示（较互补），风水能源组合对综合互补系数贡献最大，为 51%，剩下的水光能源组合和风光能源组合分别占了 30% 和 19%，表明这三个能源组合对综合互补系数贡献程度不太均匀。

水电出力在很大程度上受入库径流影响，且水电站在设计初期为了满足电力需求，一般都有相应的保证出力，以保证水电站在枯水期能为电力系统提供稳定出力[105]。因此，水电站系统为了满足其设计阶段相应的保证出力，在运行过程中可能不是按照其最优运行策略进行实施的。通过前面研究可知，风光出力在冬季和春季较大，此时恰好处于水电枯水期。

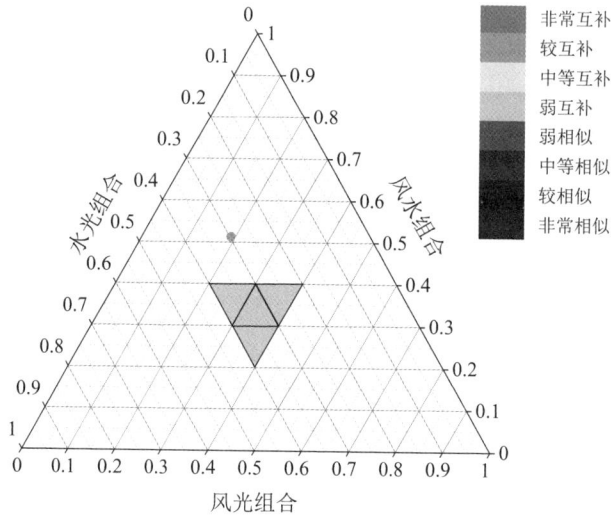

图 2.8　各个能源组合在月尺度对综合互补系数的贡献程度

　　为了揭示风光能源在长期尺度对水电的补偿情况，本节考虑水电站系统在枯水期需要提供保证出力这一情况，对比有无风光出力补偿水电出力时，水电站在长期尺度效益的变化情况。图 2.9 展示了有无风光出力补偿情况下风电、光电和水电出力标准化之后逐月变化情况。通过图 2.9 可以看出，水电出力在风、光出力补偿后较补偿前呈现出在冬末（1月和2月）时期出力减小，随后呈现出逐渐加大出力的过程，且风、光出力补偿后的水电出力在春季（3月、4月和5月）、夏季（6月、7月和8月）、秋季（9月和11月）和冬初（12月）较补偿前是更大的。进一步统计得到，风、光出力补偿水电出力后，水电全年的耗水率较补偿前减少了 3.47%，其发电效益增加了 3.67%，具体原因是在风光出力补偿后，水电通过在枯水期减小出力以提前蓄水抬高库水位，从而提高水库后期的发电水头，进一步增加了水库的不蓄电能。因此，风光出力在长期尺度上对水电出力具有一定的电量补偿作用。

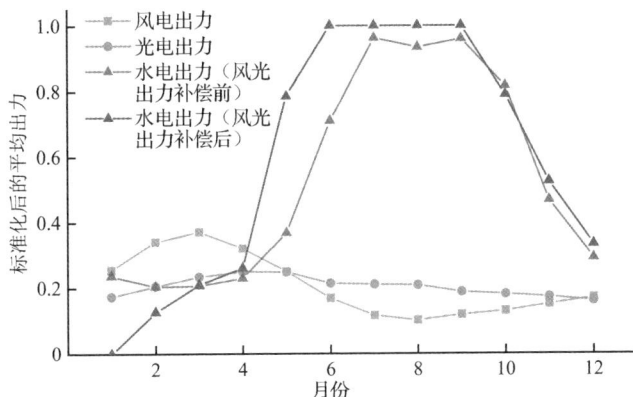

图 2.9   风光出力在长期尺度对水电出力提供电量补偿

2.3.3   风光水电出力短期互补性评价

本节使用 K-Means 算法对不同类型天气进行聚类，K-Means 在聚类时需要提前给定最优聚类数 K 值，但是风光水电系统典型日在聚类前一般无法给定最优聚类数 K 值。目前，确定最优聚类数 K 值的方法有手肘法[106]、轮廓系数法[107]和 Gap-Statistic[108]等。手肘法和轮廓系数法需要决策者根据图形进行主观判断最优聚类数 K，具有较大主观性，而 GapStatistic 方法无须决策者主观判断，且能够较好确定出最优聚类数 K，因此本节使用较为客观的 GapStatistic 方法进行确定最优 K 值。选择 2012 年全年的风速、太阳辐射、气温和入库径流，使用 2.1.1 节的方法进行计算，得到标准化后的风光水电出力，随后使用 GapStatistic 方法确定 K-Means 算法所对应最优聚类数目，如图 2.10 所示。从图 2.10 可以看出，最优聚类数目为 24。

通过 Gap 统计量，得到了最优的聚类数目是 24。由于 K-Means-ED 和 K-Means-DTW 这两种算法均具有随机特性，为了消除由于随机性带来的干扰，本节对 K-Means-ED 和 K-Means-DTW 算法分别单独运行 10 次，并计算簇内误差平方和（Within-Cluster Sum of Squared Errors，SSE）指标，SSE 指标如表 2.4 所示。

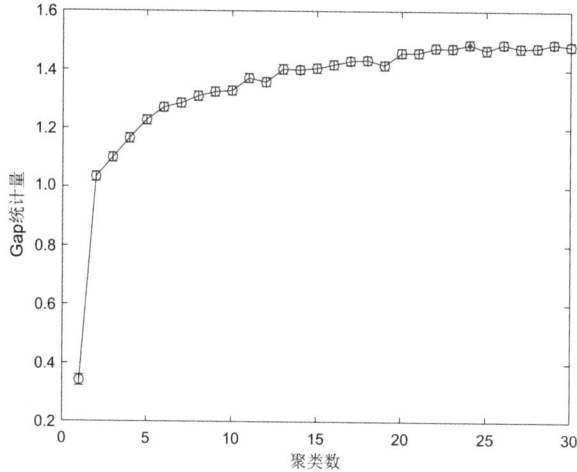

图 2.10　确定最优聚类数目

表 2.4　SSE 指标

方法	1	2	3	4	5	6	7	8	9	10	均值	方差
K-Means-ED	756	769	749	761	763	752	762	752	746	760	757	53
K-Means-DTW	334	329	321	344	344	326	335	324	335	335	333	60

从表 2.4 可以得出，基于 K-Means-DTW 算法得到的 SSE 均值明显小于 K-Means-ED 算法，表明 K-Means-DTW 算法分类得到的组内距离更小，与中心向量更加集中，表明 K-Means-DTW 算法聚类的效果明显优于 K-Means-ED 算法。同时，这两个方法得到的方差值相差不多，表明这两个算法稳定性均较好。

为了进一步分析 K-Means-ED 和 K-Means-DTW 算法具体的分类效果，从上述方法分别选择 SSE 最小时的分类（即分类效果最好），随机选择八个典型天气进行具体分析。图 2.11 和图 2.12 分别给出了 K-Means-ED 和 K-Means-DTW 算法选择出的典型日，蓝色粗色的线为各个典型天气的聚类中心，其他细线是相应的天气，各个图最左侧、中间和最右侧的横坐标 0～24 分别展示的标准化的风电出力、光电出力和水电出力。从图 2.11 可知，不同类别的天气对应的天数相差不多，且各个子图的聚类中心也较为相似，8 个聚类中心风电最大出力均在 0.4 左右、光电出力在 0.5 左右，水电出力在 0.4~0.6 附近，表明基于 K-Means-ED 得到的聚类中心不能很好的代表不同类型的典型天气。这可能是由于 K-Means-ED 在面对高维数据（每一条线所对应数据集的维数为 72 维，全年总维数为 366×72）辨识性较差，使得分类的结果较差。

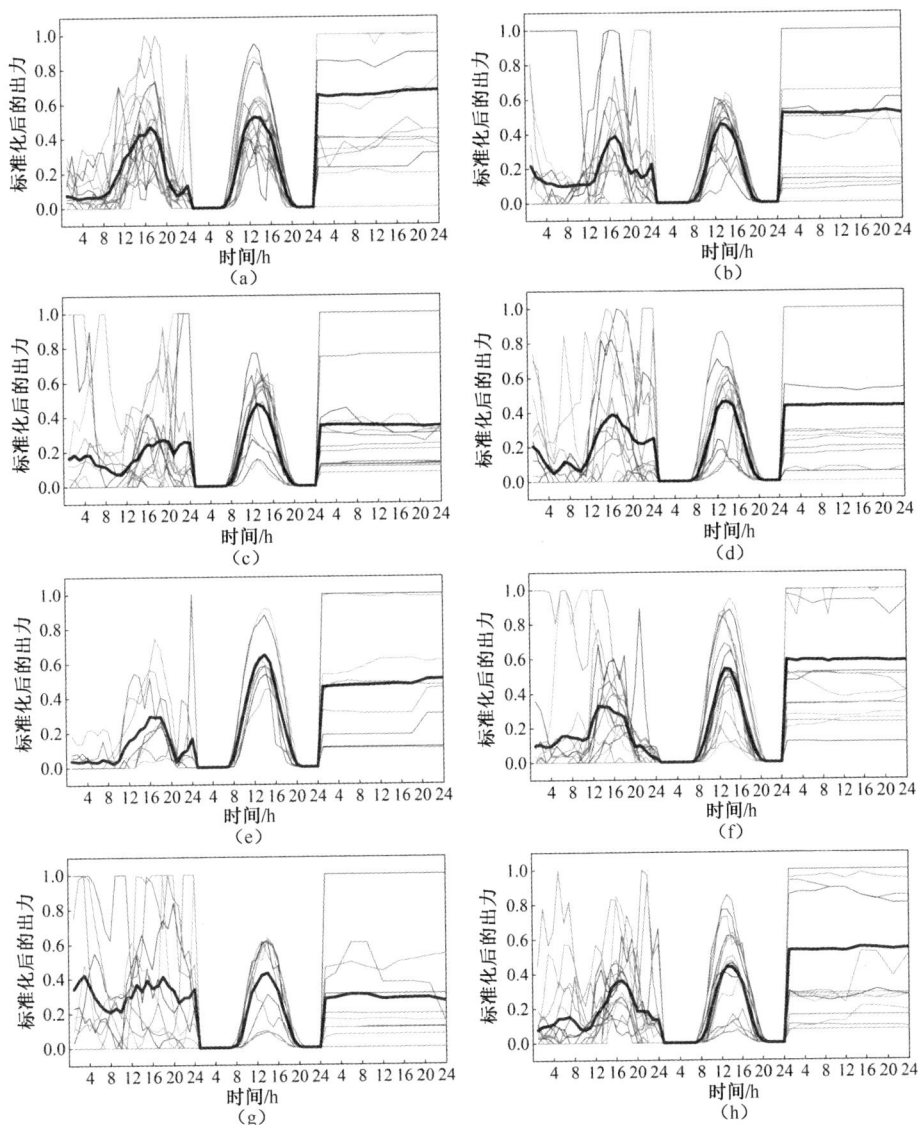

图 2.11　基于 K-Means-ED 算法的典型日筛选

从图 2.12 可知，各个聚类中心形状不一，且聚类中心从不同类型天气穿过，表明 K-Means-DTW 能够较好地筛选出的不同典型日，且能较好地将不同类型的天气划分到相应的典型类型当中。

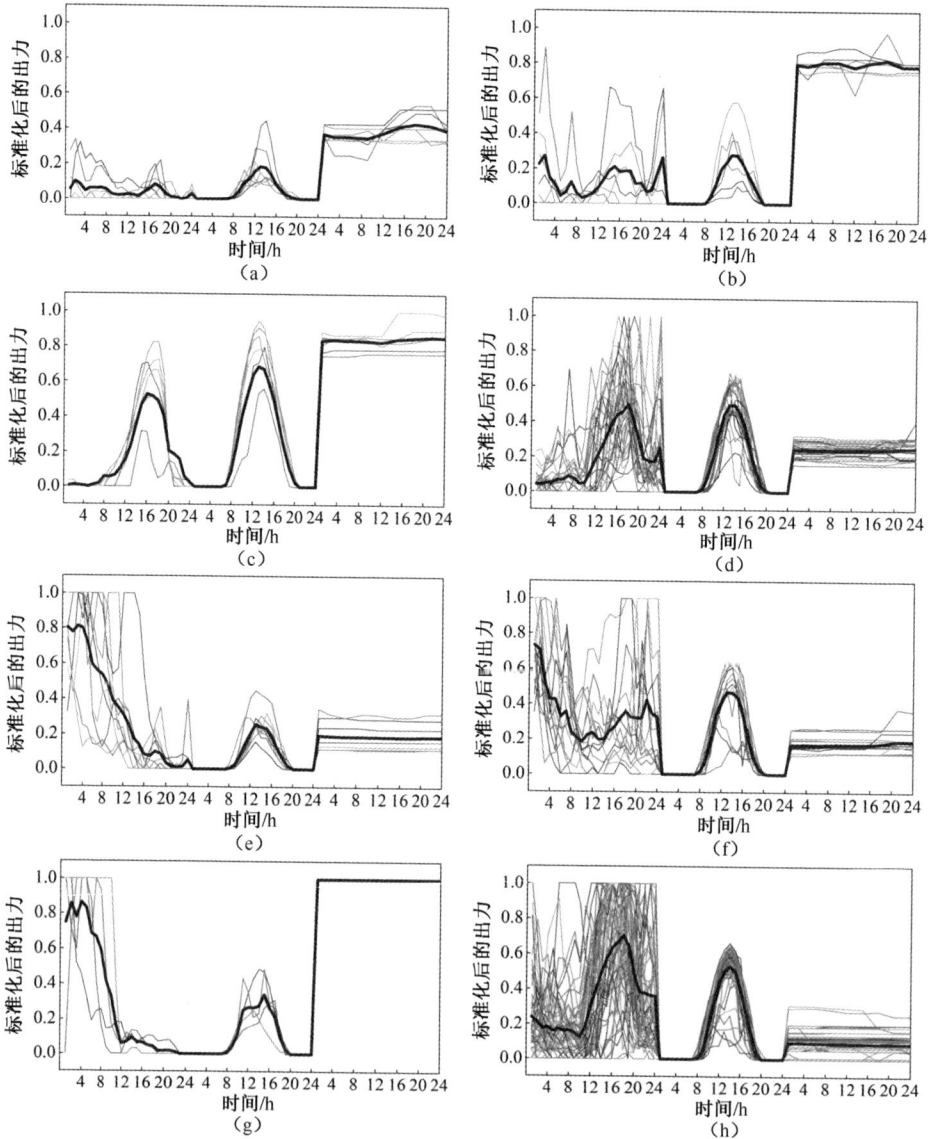

图 2.12　基于 K-Means-DTW 的典型日筛选

图 2.13 显示了各个典型日的风光水电出力情况。使用 2.1.3 节提出的三种能源互补性评价指标，计算得到了各个典型日的综合互补系数，如表 2.5 所示，从表 2.5 中可以看出，风光水电出力在日内总体上呈现出了一定的互补特性。

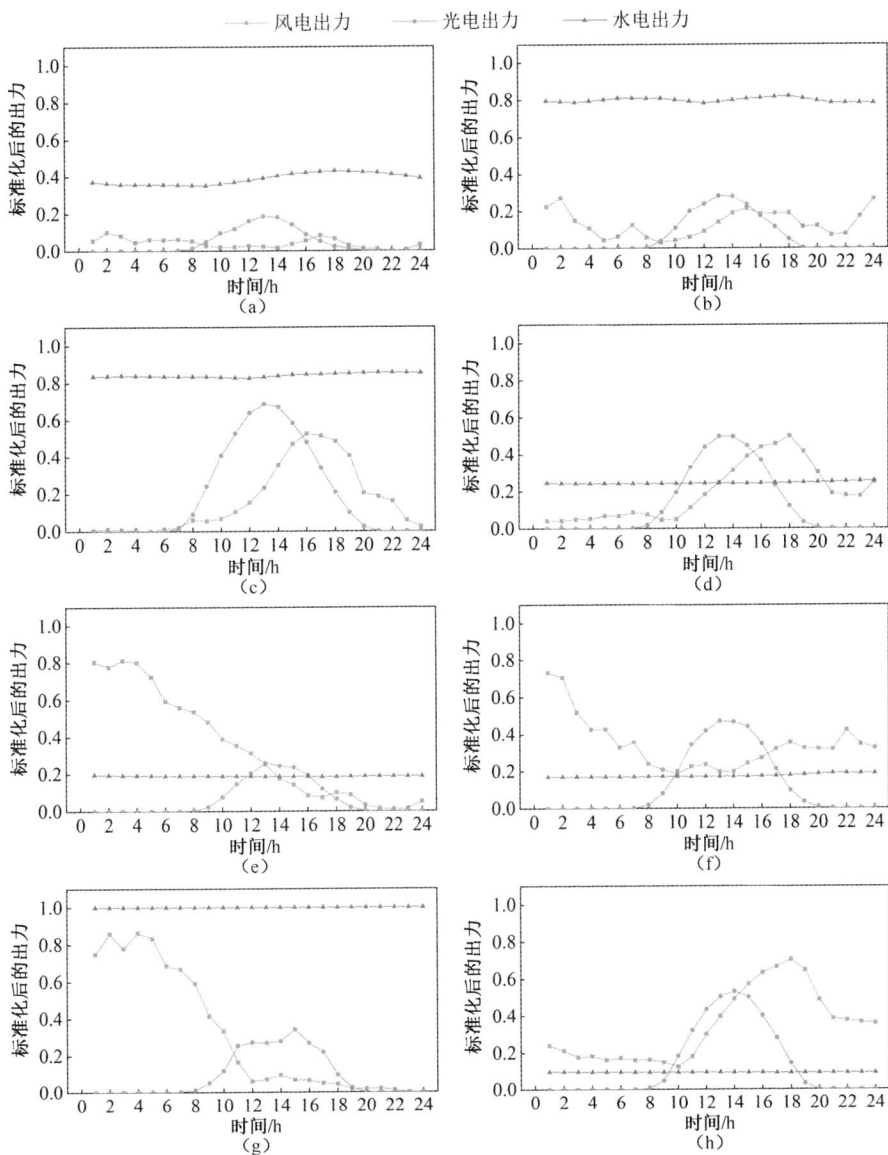

图 2.13　各个典型日的风光水电出力情况

表 2.5 各个典型日风光水电出力的综合互补系数

典型日	（a）	（b）	（c）	（d）	（e）	（f）	（g）	（h）
综合互补系数	0.703	0.624	0.522	0.538	0.764	0.852	0.670	0.776
互补情况	中等互补	弱互补	弱互补	弱互补	中等互补	较互补	中等互补	中等互补

图2.14呈现了上述各个典型日中各个能源组合对综合互补系数总体的贡献程度。可以看出，（a）、（b）、（g）这三个典型日各个能源组合对综合互补系数贡献大体差不多，对综合互补系数的贡献较为均匀；（c）、（d）、（e）这三个典型日光水能源组合对综合互补系数贡献最大，整体达到了50%以上，典型日（h）中风水组合对综合互补系数贡献最大，接近了50%，典型日（f）中风光组合对综合互补系数贡献最大，接近到50%。从以上分析可以看出，风光水能源两两组合在各个典型日中对综合互补系数的贡献占比各不相同，但是可以看出光水组合对综合互补系数贡献最大。

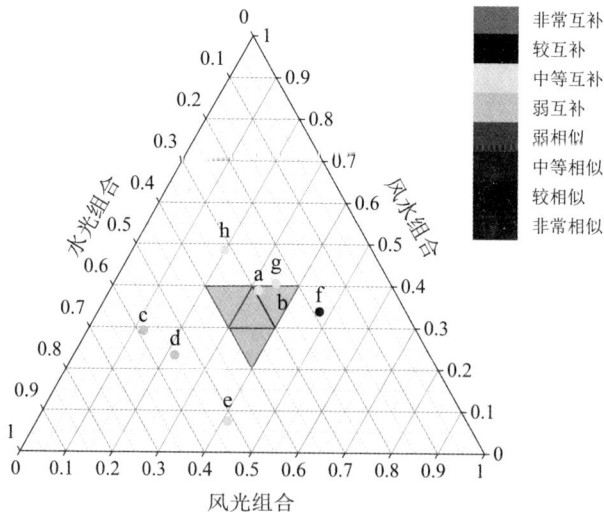

图2.14 各个能源组合在小时尺度对综合互补系数的贡献程度

2019 年，全国风电和光电平均利用小时数分别为 2082h[109]和 1169h[110]，本节以风电和光电平均利用小时数作为电网允许风光接入的比例，以某省负荷作为需求，考虑水电出力对风光出力在上述优选出来的典型日进行短期补偿研究。图 2.15 展示了水电出力在短期尺度上对风、光出力提供电力补偿的情况，其中紫色折线图为某省负荷需求，黄色、绿色面积堆积图分别为光电和风电出力，蓝色面积堆积折线图为风光出力不足时水电提供的出力，黑色点划线为风光出力限制。从图 2.15 可以看出，水电补偿风光出力后，水电出力在各个典型日风光出力不足时，均能以较好的调节能力满足电网负荷需求，仅在典型日（c）、（e）、（g）和（h）出现了少量的弃电情况（0~1.15%），此时弃电是由于风光出力大于电网需求。

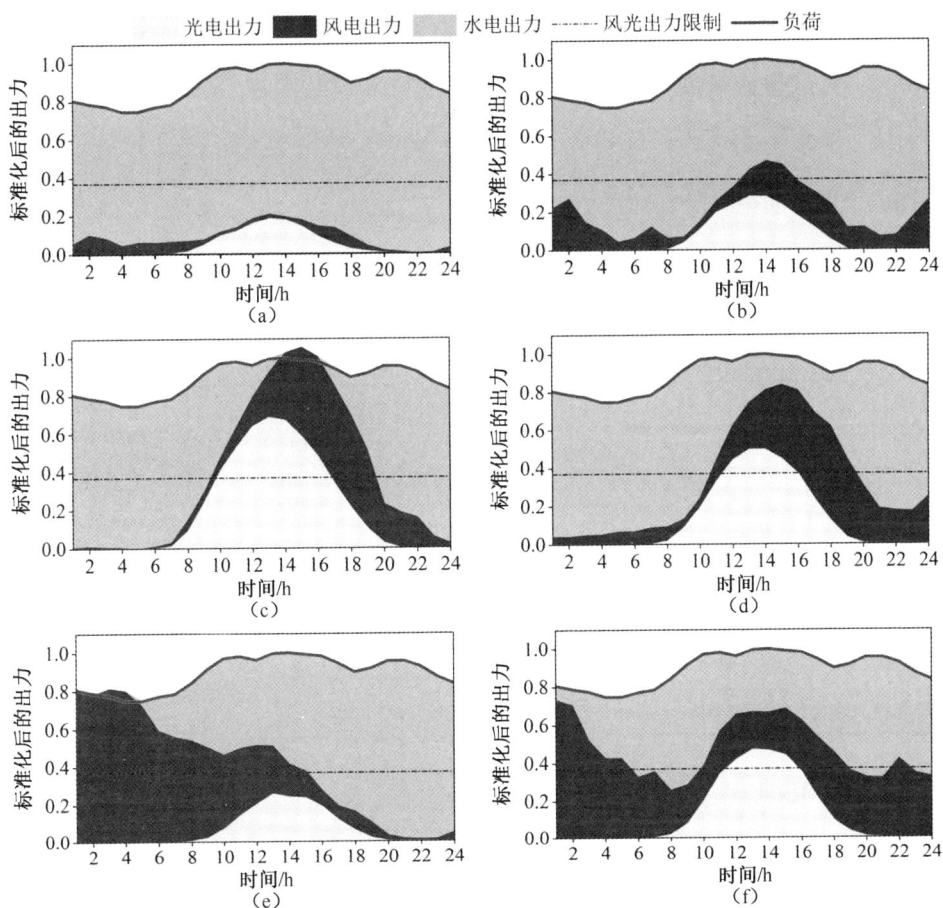

图 2.15（一） 水电出力在短期尺度上对风光出力提供电力补偿

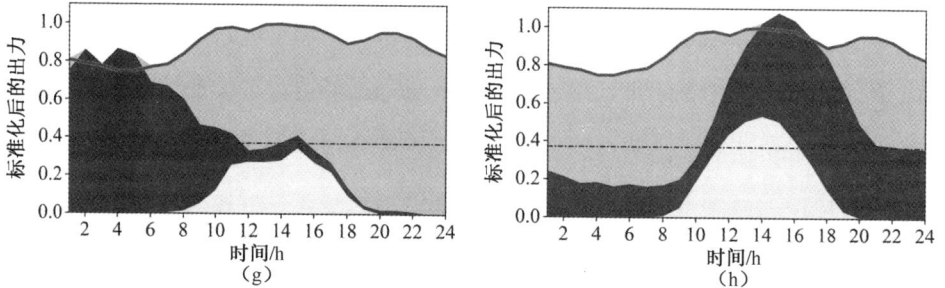

图 2.15（二）　水电出力在短期尺度上对风光出力提供电力补偿

表 2.6 进一步展示了风光出力在短期尺度上有无水电补偿的弃电率和不足程度。通过表 2.6 可以看出，相比于水电出力未补偿时，水电补偿后风光出力弃电率和出力短缺率均大幅度减小，其中弃电率减小幅度最大为 18.31%，出力短缺率最大减小幅度为 28.24%。这从另一个角度说明了水电出力在短期尺度能对风光出力有一个很好的电力补偿作用。

表 2.6　风光出力在短期尺度上有无水电补偿的弃电率和不足程度　　　　单位：%

日期	无水电补偿情况		有水电补偿情况	
	风光弃电率	出力短缺率	风光弃电率	出力短缺率
典型日（a）	0	28.24	0	0
典型日（b）	0.94	17.56	0	0
典型日（c）	17.77	16.72	0.49	0
典型日（d）	11.18	14.95	0	0
典型日（e）	13.92	10.27	0.38	0
典型日（f）	12.14	1.76	0	0
典型日（g）	13.93	10.70	1.15	0
典型日（h）	19.01	7.23	0.70	0

2.3.4　长期和短期互补性评价差异分析

为了揭示不同时段长对风光水电出力互补性评价的差异，本节分别以月（长期）和日（短期）为计算时段长，对雅砻江流域 2017 年 9 月至 2018 年 8 月风光水电出力互补性进行对比分析。表 2.7 展示了使用不同计算时段长的雅砻江流域风光水电出力的互补性结果，可以看出使用不同计算时段长的综合互补系数有相应的差异。查询表 2.2，可发现以月为计算时段长得到的风光水电出力整体呈现较为互补的趋势，而以日为计算时段长则是中等互补。究其原因，以月为计算时段长将风光水电出力的部分波动性给坦化了。

表 2.7　风光水电出力月平均的互补性结果

项目	长期	短期
综合向量	$-0.336\overline{ws} - 0.851\overline{wh} + 0.259\overline{sh}$	$-0.026\overline{ws} - 0.418\overline{wh} + 0.223\overline{sh}$
综合距离	1.036	1.3895
综合互补系数	0.873	0.716

图2.16 展示了雅砻江流域风光水电出力不同计算时段长各个能源组合对综合互补系数的贡献程度。可以看出，以月为计算时段长风水组合对综合互补系数的贡献为 47%，大于以日为计算时段长的贡献 44%。同样地，以月为计算时段长风光组合对综合互补系数的贡献程度为 34%，大于以日为计算时段长的贡献 32%。可见，以月为计算时段长的风光组合和风水组合对综合互补系数的贡献程度均大于以日为计算时段长对综合互补系数的贡献程度。

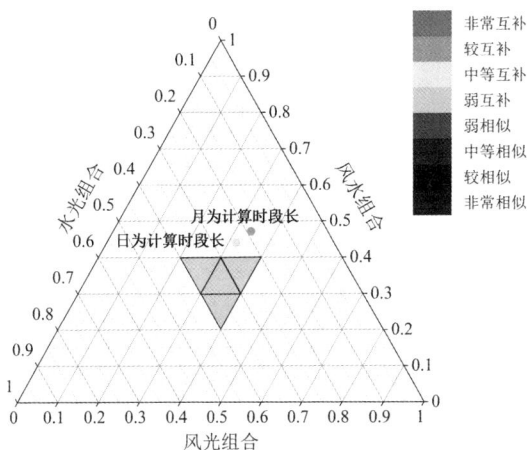

图 2.16　长期和短期对综合互补系数的贡献程度

2.4 本章小结

本章介绍了可再生能源互补特性概念，分析了目前互补特性评价指标仅适用于评价两能源互补特性的障碍，建立了适合三能源互补特性评价的指标，结合历史气象资料，探明了雅砻江流域风光水电出力长期互补特性；针对风光水电出力受气象条件剧烈变化影响，短期互补特性极其复杂，在评估短期尺度互补特性，结合机器学习理论，提出了风光水电出力短期典型日智能筛选模型；剖析了不同时间计算步长对风光水电出力互补特性评价结果的差异。本章获得的主要结论如下。

（1）三能源互补特性评价指标能够克服传统互补特性评价指标不适用于风光水三能源出力互补特性的障碍。雅砻江流域风光水能源在月尺度上呈现出较为互补的趋势。其中，风电和光电出力总体表现出一定的趋势性，均在冬、春季较大，夏、秋季较小；风电和水电出力的互补性最好，水电和光电出力互补性次之；当水电在冬、春季出力较小时，此时风电和光电的出力较大，而水电在夏、秋季出力较大时，风电和光电出力此时正好较小。在长期尺度上，风光出力对水电能源呈现出电量补偿特性，可以提高水电能源的发电效益3%。

（2）基于机器学习理论的风光水电出力短期典型日智能筛选模型，能够克服风光水电典型日高维数据难辨识的问题，可以较好的选出代表性高的典型日。水电出力短期对风光出力具有较好的电力补偿效益，水电补偿后风光弃电率减小幅度可达到18%，出力短缺率减小幅度可达到28%。基于长期时段得出的风光水电出力的互补性结果优于短期时段得出的互补性结果，说明以月为计算时段长将风光水电出力的部分波动性给坦化了。

第3章　风光水电系统长期多目标建模及求解

由于部分水电站建站较早，规划和建设期间未考虑使用水电站补偿风光出力。当使用水电站对流域不稳定的风光出力进行补偿调度时，就改变了梯级水电站的传统调度方式，进而影响水库出库过程，不可避免地会影响水电站下游河道的生态健康。对于风光水电系统自身而言，发电量最大一般是其运行的首要目标，因此亟须协调水电站下游生态与风光水电系统发电效益之间的矛盾。近年来，随着风光水电能源在电网占据的比例越来越高，电网系统对其出力的要求也相应提高以保障电网安全、稳定运行，但是风光出力受风速、太阳辐射和气温等气象条件影响，出力频繁波动、不受调控，呈现出周期性变化。水电出力受入库径流影响，若在枯水期加大出力，势必会造成水库水位下降，损失水电的不蓄电能，进而影响到风光水电系统全年发电效益，亟须协调风光水电系统发电效益和电网安全、稳定运行之间的矛盾。

流域风光水多能互补运行调度问题是一个大规模、复杂、多维、多目标优化问题，面临"维数灾难"和"多目标"等关键技术难题。在过去的几十年里，许多学者一直致力于开发多目标优化问题的高效求解算法。这些算法通常可以分为以下三类：第一类是约束法，将目标变为约束条件，使多目标问题转化为单目标问题进行优化求解；第二类是权重法，通过一组权重值将多目标组合成单目标问题进行优化求解；第三类是近年来出现的多目标进化算法，多目标进化算法可以在无偏好的情况下运行一次得到完整的 Pareto 前沿，且对于 Pareto 前沿不连续、不可微、非凸等情况均具有较好的鲁棒性，因此应用最为广泛。多目标进化算法里最有代表性的算法当属 Deb 提出的非支配遗传算法（Nondominated Sorting

Genetic Algorithm，NSGA）系列，目前最新的 NSGA 算法是 NSGA-III，特别适合于高效求解三个及三个以上目标的多目标优化问题[76]。

　　鉴于此，本章在第 2 章得到了风光水电长期互补特性规律基础上，考虑到流域风光水多能互补运行调度问题是一个复杂"电网-水网"嵌套作用下受多利益主体共同影响的问题，建立统筹风光水电系统发电效益，电网安全、稳定运行和水电站下游河道生态健康的多目标调度模型。风光水电系统多目标优化调度问题是一个巨型、多维、非线性、多目标、复杂约束优化问题，对其高效求解极其困难。本章采用大系统分解原理，将风光水电系统解耦成风光被补偿子系统和水电子系统，并根据子系统特点，引入 Pareto 优化理论和现代智能优化理论，识别高维决策变量动态可行域演化范围，分别从多目标进化算法和风光水电系统出发，提出从数学角度（多目标进化算法自身）和物理角度（风光水电系统物理层面）两种不同改进思想的 NSGA-III算法，对比分析两种改进思想的 NSGA-III算法求解风光水电系统复杂问题的效率，剖析两类多目标进化算法求解效率差异的机制，识别上述三个目标之间的竞争关系。

3.1　多目标优化问题数学描述

　　多目标优化问题通常由多个不可公度的（Encommensurable）、相互冲突的待优化目标构成，多目标优化算法是对这些相互冲突的多目标优化问题进行求解的算法。假设一个多目标优化问题包含 m 个子目标，其决策变量维数为 n。为了不失一般性，本节以最小化为例，则一个多目标优化问题可以描述为：

$$\begin{aligned} \min \ \boldsymbol{y} &= \boldsymbol{f}(\boldsymbol{x}) = (f_1(\boldsymbol{x}), f_2(\boldsymbol{x}), ..., f_m(\boldsymbol{x}))^T \\ s.t. \ \ g_i(\boldsymbol{x}) &\leqslant 0, \ \ i = 1, 2, ..., p \\ h_j(\boldsymbol{x}) &= 0, \ \ j = 1, 2, ..., q \\ \boldsymbol{x} &= (x_1, x_2, ..., x_n)^T \in X \end{aligned} \tag{3.1}$$

式中，$\boldsymbol{y} = \boldsymbol{f}(\boldsymbol{x}) = (f_1(\boldsymbol{x}), f_2(\boldsymbol{x}), ..., f_m(\boldsymbol{x}))^T$ 由目标向量构成，$\boldsymbol{x} = (x_1, x_2, ..., x_n)^T \in X$ 由决策变量向量构成，X 是所有约束条件所确定的决策向量空间，$g_i(\boldsymbol{x})$ 是不等式约束，$h_j(\boldsymbol{x})$ 是等式约束，p 是不等式的数量，q 是等式的数量。

（1）Pareto 支配关系。给定解 $\boldsymbol{x}$ 和 $\boldsymbol{y}$，当解 $\boldsymbol{x}$ 对于任何一个子目标都不大于解 $\boldsymbol{y}$ 的子目标，且解 $\boldsymbol{x}$ 至少存在一个子目标小于解 $\boldsymbol{y}$ 的子目标，具体如下式所示：

$$
\begin{aligned}
f_i(\boldsymbol{x}) \leqslant f_i(\boldsymbol{y}), & \quad \forall i = 1, 2, ..., m \\
f_j(\boldsymbol{x}) < f_j(\boldsymbol{y}), & \quad \exists j = 1, 2, ..., m
\end{aligned}
\tag{3.2}
$$

此时，认为解 $\boldsymbol{x}$ 支配（Dominate）解 $\boldsymbol{y}$（即解 $\boldsymbol{x}$ 优于解 $\boldsymbol{y}$），记作 $f_i(\boldsymbol{x}) < f_i(\boldsymbol{y})$，解 $\boldsymbol{x}$ 被认为是非支配（Non-Dominated）解，解 $\boldsymbol{y}$ 是受支配（Dominated）解。

（2）Pareto 最优解集（ParetoOptimal Set，$\boldsymbol{PS}$）。定义 $\boldsymbol{PS}$ 为 Pareto 最优解集，具体见下式：

$$
\boldsymbol{PS} = \{\boldsymbol{x} \in X \mid \neg \exists \boldsymbol{y} \in X : \boldsymbol{f}(\boldsymbol{y}) < \boldsymbol{f}(\boldsymbol{x})\}
\tag{3.3}
$$

（3）Pareto 最优前沿（Pareto Front，$\boldsymbol{PF}$）。Pareto 最优前沿定义为 Pareto 最优解集对应的目标值在目标范围内所围成的区域，具体见下式：

$$
\boldsymbol{PF} = \{\boldsymbol{f}(\boldsymbol{x}) \mid \boldsymbol{x} \in \boldsymbol{PS}\}
\tag{3.4}
$$

图 3.1 显示了 Pareto 最优前沿在二维空间解集的支配关系。其中阴影区域为目标可行域，黑色粗线为 Pareto 最优前沿，解 A、B、C、D、E 和 F 是 Pareto 最优前沿上的点，对于解 K，支配位于其右上角的解，如解 H 和 J；受支配位于其左下角的解，如解 L、C 和 D；而位于其左上角的解（如解 G 和 I）和右下角的解（如解 M），它们

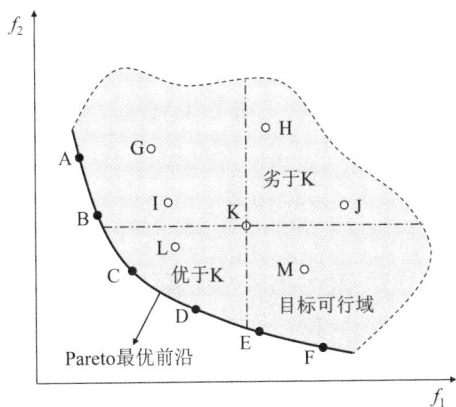

图 3.1　二维空间解集支配关系

属于互不支配的关系。

3.2 风光水电系统多目标优化调度模型

本节建立统筹风光水电系统发电效益，电网安全、稳定运行和水电站下游河道生态健康的多目标调度模型。风光水电系统发电效益目标通常可以以该系统发电量进行量化，系统发电量最大则说明发电效益越优；电网安全运行目标难以进行量化，本节将其转化成风光水电系统提供给电网的时段最小出力最大化，可以为电网提供尽可能大的出力保障电网安全、稳定运行；水电站下游河道生态健康目标因受水文和生态的复杂关系交织影响，难以进行量化，目前有学者提出了Tennant 法[111]、水文指标法[112]、十年最枯月平均径流法[113]和流量-湿地树种关系模型[114]等方法。但是，由于河道生态涉及河道内外较多的物种，交织关系复杂，单用简单的生态模型很难把复杂的河道生态关系概化。

Poff 等人认为天然水文情势下对于维护河流生物多样性和生态系统完整性是最好的情况[115]。而对于目前受人类活动影响和水电站调度的河流来说，要完全实现河道内的天然情况是不现实的。如果能够模仿河道天然流量这一过程，可以在很大程度上减缓人类活动影响和水库调度对下游河道生态环境的不利影响，进而改善河道整体的生态环境质量。

3.2.1 目标函数

（1）最大化风光水系统发电量为

$$\max f_1 = \sum_{t=1}^{T}(PPV_t + PW_t + PH_t) \times \Delta t \qquad (3.5)$$

式中，f_1 为风光水电系统总发电量，T 为调度期时段数，PPV_t、PW_t 和 PH_t 分别是光伏电站、风电站和水电站第 t 时段出力， Δt 为时段小时数。

（2）最大化调度期内最小出力。为了减少风、光出力波动性对电网造成的负面影响，因此，本节选择最大化风光水电系统的最小出力作为优化目标，具体见下式：

$$\max f_2 = \min_{1 \leqslant t \leqslant T} P_t \qquad (3.6)$$

式中， $P_t = PPV_t + PW_t + PH_t$ 。

（3）水电站出库流量与天然流量偏差最小。目前，有很多模型可以反映水库调度前后水文过程的改变程度[116-117]，本节采用 Gehrke 等人提出的且目前被广泛使用的全年流量偏差函数[117]（Annual Proportional Flow Deviation，APFD）。该指标能够很好地识别流量变化对河流生态环境的影响，它还能反映河流生物多样性的情况，该指标值越小表示水库调度后的流量变化对河流生态系统的影响越小，河流生态环境越好，具体形式见下式：

$$\min f_3 = \min \sum_{i=1}^{I} \sum_{t=1}^{T} \left(\frac{O'_{i,t} - Q_{Ni,t}}{Q_{Ni,t}} \right)^2 \qquad (3.7)$$

式中， $O'_{i,t}$ 为第 i 水库 t 时段的出库流量， $Q_{Ni,t}$ 为第 i 库 t 时段下游断面天然流量， I 为水库数目。

3.2.2 约束条件

（1）水库水量平衡约束为

$$S_{i,t} = S_{i,t-1} + (Q_{i,t} - O_{i,t})\Delta t \qquad (3.8)$$

式中， $S_{i,t}$ 和 $S_{i,t-1}$ 为第 i 库第 t 时段末、初水库蓄水量， $Q_{i,t}$ 为第 i 库第 t 时段入库流量， $O_{i,t}$ 为第 i 库第 t 时段出库流量。

（2）水库水位约束为

$$\underline{Z}_{i,t} \leqslant Z_{i,t} \leqslant \overline{Z}_{i,t} \qquad (3.9)$$

式中， $Z_{i,t}$ 为第 i 库第 t 时段末计算水位， $\underline{Z}_{i,t}$ 为第 i 库第 t 时段末允许下限水位，

$\overline{Z}_{i,t}$ 为第 i 库第 t 时段末允许上限水位。

（3）出库流量约束为

$$\underline{O}_{i,t} \leqslant O_{i,t} \leqslant \overline{O}_{i,t} \tag{3.10}$$

$$O_{i,t} = OP_{i,t} + ON_{i,t} \tag{3.11}$$

式中，$\underline{O}_{i,t}$ 和 $\overline{O}_{i,t}$ 分别为第 i 库第 t 时段下泄流量允许的最小值、最大值，$OP_{i,t}$ 第 i 库第 t 时段发电流量，$ON_{i,t}$ 第 i 库第 t 时段弃水流量。

（4）水库调度期末水位约束为

$$Z_{i,T} = Z_{i,end}, \quad i \in [1,I] \tag{3.12}$$

式中，$Z_{i,end}$ 为第 i 库调度期的期末水位。

（5）水电站出力约束为

$$PH_t = \sum_{i=1}^{I} PH_{i,t} \tag{3.13}$$

$$\underline{PH}_{i,t} \leqslant PH_{i,t} \leqslant \overline{PH}_{i,t} \tag{3.14}$$

式中，$\underline{PH}_{i,t}$ 和 $\overline{PH}_{i,t}$ 分别为第 i 水电站第 t 时段的允许最小出力和最大出力。

（6）风电站出力约束为

$$PW_t = \sum_{k=1}^{K} PW_{k,t} \tag{3.15}$$

$$\underline{PW}_{k,t} \leqslant PW_{k,t} \leqslant \overline{PW} \tag{3.16}$$

式中，$PW_{k,t}$ 是第 k 风电站第 t 时段的出力，$\underline{PW}_{k,t}$ 是第 k 个风电站第 t 时段的允许最小出力，$\overline{PW}$ 是第 k 风电站第 t 时段的装机容量，K 为风电站的个数。

（7）光伏电站出力约束为

$$PPV_t = \sum_{d=1}^{D} PPV_{d,t} \tag{3.17}$$

$$\underline{PPV}_{d,t} \leqslant PPV_{d,t} \leqslant \overline{PPV} \tag{3.18}$$

式中，$PPV_{d,t}$ 是第 d 光伏电站第 t 时段的出力，$\underline{PPV}_{d,t}$ 是第 d 个光伏电站第 t 时段的允许最小出力，$\overline{PPV}$ 是第 d 光伏电站的装机容量，D 为光伏电站的个数。

（8）外送断面约束为

$$\underline{P}_t \leqslant P_t \leqslant \overline{P}_t \tag{3.19}$$

式中，$\underline{P}_t$ 和 $\overline{P}_t$ 分别为第 t 时段断面功率约束值的最小值和最大值。

3.2.3 风光水系统出力计算

（1）风电站出力计算。风电站出力计算方式如下：

$$PW_{k,t} = \frac{1}{2} \rho W_A N_k v_{k,t}{}^3 \tag{3.20}$$

式中，W_A 是风力发电机轮毂的面积，ρ 是空气密度，N_k 是第 k 个风电站的风力发电机的台数，$v_{k,t}$ 是风力发电机轮毂处的风速，将气象站实测风速（10m/s）通过风速转换关系换算成轮毂处高程（80m 高空）的风速，具体见下式：

$$v_{k,t} = v_{k,t}^a \left(\frac{h}{10} \right)^{\alpha(h)} \tag{3.21}$$

式中，$v_{k,t}^a$ 是 10m 高度处的风速，h 是风力发电机轮毂处（80m 高空）的高度，$\alpha(h)$ 是高度转换系数。

（2）光伏电站出力计算。本节研究不具储能系统的大型光伏发电系统，采用 Crook 等人[91]提出的方法，建立光伏发电系统与太阳辐射和温度的关系：

$$PPV_{d,t} = P_{stc} \frac{G_{tot,t}^d}{G_{stc}} [1 - \beta(T_{cell,t}^d - T_{ref})] A_{PV}^d \tag{3.22}$$

式中，$PPV_{d,t}$ 是第 d 光伏电站第 t 时段的出力，P_{stc} 是标准条件下（对应太阳辐射强度 $G_{stc} = 1000\text{W/m}^2$，温度 $T_{ref} = 25\,℃$）光伏电池板的出力，$G_{tot,t}^d$ 是第 d 个光伏电站第 t 时段的实际太阳辐射强度，系数 β 反映了热损耗效率（对于单晶硅光伏电池一般取 0.45%/℃），A_{PV}^d 是第 d 光伏电站光伏板的面积。

（3）水电站出力计算为

$$PH_{i,t} = OP_{i,t} / g(\Delta H_{i,t}) \tag{3.23}$$

式中，$PH_{i,t}$ 是第 i 个水电站第 t 时段出力，$g(\bullet)$ 函数为水电站出力特性函数，$OP_{i,t}$

第 i 库第 t 时段发电流量，$\Delta H_{i,t}$ 是第 i 库第 t 时段发电水头。

3.3 不同改进策略的 NSGA-Ⅲ算法对比研究

本节将介绍原始的 NSGA-Ⅲ算法求解多目标优化问题的步骤。考虑到风光水电系统多目标优化调度是一类高维度、非线性、多目标、多阶段的复杂优化问题，本节从数学角度（多目标进化算法自身）和物理角度（风光水电系统物理层面）对 NSGA-Ⅲ算法进行改进。具体来说，考虑到 NSGA-Ⅲ算法高效求解多目标问题的本质是选用代表性高的初始种群和高效的搜索算子进行求解，本节从算法自身出发，以 NSGA-Ⅲ算法为基本框架，引入拉丁超立方抽样方法生成代表性高的初始种群，在遗传算子的基础上引入粒子群算子和差分进化算子改进算法局部搜索能力，提出基于全球信息共享的自适应的改进 NSGA-Ⅲ算法。从物理角度进行改进具体是考虑复杂风光水电系统多目标优化问题的物理特性，提出约束重构策略，避免可行解在 NSGA-Ⅲ算法求解风光水电系统多目标问题过程中遭到破坏，提出基于约束重构的 NSGA-Ⅲ算法来提高求解效率。

3.3.1 原始 NSGA-Ⅲ算法

Deb 和 Jain 于 2014 年在 NSGA-Ⅱ算法的基础上提出了基于参考点的非支配排序遗传算法（即 NSGA-Ⅲ算法），它们整体思路和理论框架都很相似，均属于非支配排序遗传算法，在求解多目标优化问题时，均是通过种群初始化、遗传进化操作和快速非支配排序等策略进行优化。它们的不同之处在于 NSGA-Ⅲ算法提出了一种新颖的种群多样性维护策略，在求解三个及三个以上目标的多目标优化问题上效率较高[76]。具体来说，NSGA-Ⅲ算法采用了新的选择机制替换了 NSGA-Ⅱ算法采用的拥挤度距离，通过先定义一个标准化的超平面，随后在标准化的超平面均匀生成一组规模大小与种群类似的参考点，最后根据精英选择策略自适应调整参考点来保持种群的多样性。具体流程如下。

步骤一：在 M 维目标空间内定义一个 $M-1$ 维标准化的超平面，随后基于这个超平面生成一组均匀分布的参考点以保持种群的多样性。

步骤二：在决策变量空间内通过蒙特卡洛随机抽样方法生成初始种群，并计算其适应度函数值，令进化代数 $g=0$。

步骤三：随机从父代 P_t 选取个体使用遗传操作生成子代个体 Q_t，并计算适应度函数值。

步骤四：合并父代种群 P_t 和子代种群 Q_t 得到新的种群 R_t，对种群进行非支配排序，得到多个非支配等级，分别为 $F_1,F_2,...,F_l$；按照非支配等级从高到低逐次将个体加入 S_t，直到 S_t 的规模大于等于 N；具体操作为如果前 $n-1$ 层非支配层中的个体数量为 K，且 $K=N$，则完成；如果前 $n-1$ 层非支配层中的个体数量 $K<N$，则利用基于参考点选择的方法选择第 n 层非支配层的个体到 S_t，直到 S_t 的规模等于 N 为止，并令 $S_t=P_{t+1}$。

步骤五：判断是否满足迭代终止条件，若否则返回步骤三；若是则终止迭代。

下面对 NSGA-III 算法关键步骤展开详细介绍。

1. 快速非支配排序

（1）合并父代种群 P_t 和子代种群 Q_t 得到新的种群 R_t，其种群规模为 $2N$。

（2）定义两个变量，分别为支配个数 N_x 和被支配个体集合 S_x，支配个数 N_x 指的是在可行解空间中个体 x 被种群 R_t 里的其他个体（不包含个体 x）所支配的数量，集合 S_x 为在可行解空间中所有被个体 x 支配的个体集合。

（3）对种群 R_t 中的每个个体 x 进行 Pareto 支配关系的比较，并及时更新每个个体 x 被其他个体支配的数量 N_x 以及支配其他个体的集合 S_x。

（4）将 $N_x=0$ 的所有个体放入第一非支配层 F_1 中，然后对第一非支配层 F_1

中集合 S_x 中的每个个体的支配个数 N_x-1，将此时 $N_x=0$ 的所有个体放入第二非支配层 F_2 中。

（5）访问第二非支配层 F_2 所对应的集合 S_x，将此个体所对应的 N_x-1，将此时 $N_x=0$ 的所有个体放入第三非支配层 F_3 中。重复以上步骤，直到种群 R_t 中的所有个体都被分配到相应的非支配层中为止。

2. 基于参考点的选择策略

（1）在超体积上确定参考点。NSGA-III算法基于 Das 和 Dennis 提出的方法事先定义了一组参考点使得算法在优化过程中得到的解具有多样性[118]。具体来说，定义 $\boldsymbol{Z}=\{\lambda_1^1,\lambda_1^2,...,\lambda_1^N,\lambda_2^1,\lambda_2^2,...,\lambda_2^N,...,\lambda_M^1,\lambda_M^2,...,\lambda_M^N\}$ 为参考点的集合，则每个参考点应满足下式：

$$\lambda_i^j \in \left\{\frac{0}{p},\frac{1}{p},...\frac{p}{p}\right\}, \quad i=1,2,...,M$$
$$\sum_{i=1}^{M}\lambda_i^j=1, \quad j=1,2,...,N \tag{3.24}$$

式中，p 是坐标轴上每维对应的分段数。这样一个 M 维目标的问题的参考点数 H 为 $\binom{M+p-1}{p}$，产生的参考点将集合的则在一个归一化的超平面上均匀定义 组参考点，其中超平面的维度是 $M-1$，且超平面在每个坐标轴上的截距分别是 1，如图 3.2 所示。

下面以三维优化问题为例，即 $M=3$，超平面和各个坐标做的交点分别为 (1,0,0)、(0,1,0) 和 (0,0,1)，参考点则在这个超平面上均匀生成。如果分割点 $p=4$，则会在该超平面上生成 15 分参考点。通过在超平面均匀生成参考点后，NSGA-III算法得到的解能在一定程度上保证广泛分布于目标空间，且在 Pareto 前沿上均匀分布[76]。如果 $p<M$，此时参考点数据过少导致生成的参考点全部位于边界，超平面中间区域无相应参考点；如果 $p \geq M$，此时可能在高维空间中产生大量的参考

点，导致算法在求解过程中因种群规模过大出现进化速率较低而导致求解效率较低的问题。

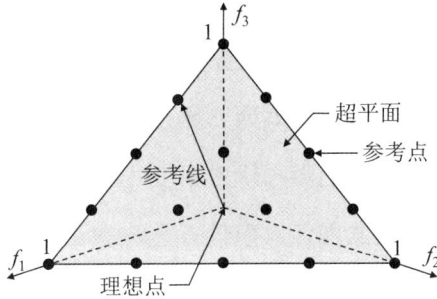

图 3.2　三维目标问题标准参考面上的参考点示意图

（2）种群的自适应归一化。由于参考点是在标准的超平面上确定的，因此为了避免由于不同量纲带来的尺度不适应问题，NSGA-III 算法需要将种群的目标空间也归一化到同一尺度的空间内。具体步骤如下：首先在目标空间中确定每一维目标函数上的最小值 $z_i^{\min}$ 并基于此构建理想点向量 $z^{\min}=(z_1^{\min},z_2^{\min},...,z_M^{\min})$；然后将目标空间的值 f_i 减去每一维目标函数上的最小值 $z_i^{\min}$ 得到 $f_i'(x)=f_i(x)-z_i^{\min}$；然后在目标空间内找出转化后的目标函数的最大可能取值，得到新的极值点构成的向量 $z^{\max}=(z_1^{\max},z_2^{\max},...,z_M^{\max})$；然后获取理想点向量 $z^{\min}$ 得到的超平面在各个坐标轴的截距 a_i，并根据 $f_i^u(x)=(f_i(x)-z_i^{\min})/(a_i-z_i^{\min})$（$i=1,2,...,M$）对种群内所有个体的目标函数进行标准化；最后根据通过极值点向量构成的向量，可以得到一个 M 维的超体积，从而得到第 i 维目标的坐标轴与超平面的截距，如图 3.3 所示。

（3）个体关联参考点操作。将种群的每个个体在目标空间标准化之后，需要对种群里的每个个体与相应的参考点进行关联操作[76]。个体关联操作示意图如图 3.4 所示。NSGA-III 算法首先定义了参考向量，即坐标原点与参考点的连线，即 3.4 中由坐标原点与圆环连成的虚线，然后计算种群里的每个个体到参考向量的垂直距离，选取最短的距离将种群内个体与相应参考点关联起来。

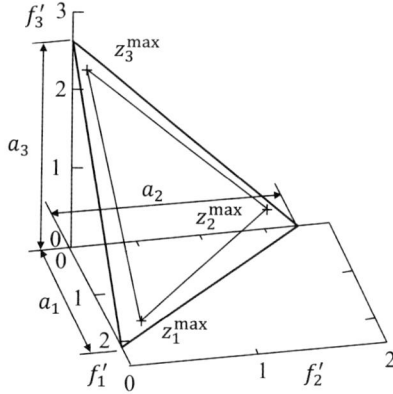

图 3.3　超平面的建立和截距形成示意图

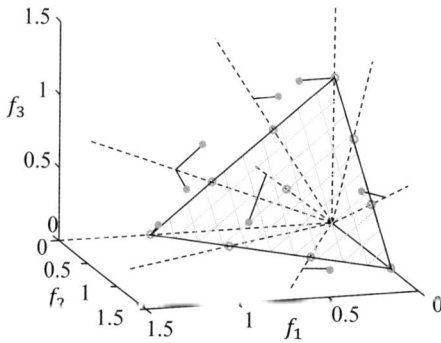

图 3.4　个体关联操作示意图

（4）个体筛选及无效参考点删除。经过前一步将种群里的每个个体与相应参考点关联起来后，可能会存在一个参考点与多个个体关联起来。定义 ρ_j 为参考点 j 与种群内个体关联的数量，即在 S_t/F_l 中依附于参考点 j 上的个体数量。将具有最小 ρ_j 值的参考点选出来并构成一个集合 $\boldsymbol{J}_{\min} = \{j : \arg\min_j \rho_j\}$，如果 $|\boldsymbol{J}_{\min}| > 1$，则从集合 $\boldsymbol{J}_{\min}$ 里随机选择一个参考点 $\bar{j}$，判断非支配层 F_l 层中是否有个体与该参考点 $\bar{j}$ 关联，如果没有关联，则忽略该参考点 $\bar{j}$ 并在当前迭代过程中不再考虑，并重新计算集合 $\boldsymbol{J}_{\min}$ 和随机选择新的参考点 $\bar{j}$，否则考虑 $\rho_{\bar{j}}$ 的大小。如果 $\rho_{\bar{j}} = 0$，

则从第 F_l 层中选取依附于第 j 个参考点的个体且到该参考向量距离最短的个体加入 P_{t+1}，此时 $\rho_{\bar{j}}=1$；如果 $\rho_{\bar{j}} \geq 1$，则从第 F_l 层随机选取一个依附于第 j 个参考点的个体并把它加入 P_{t+1}，此时，$\rho_{\bar{j}}$ 的数量加 1。重复执行步骤 d，直到种群 P_{t+1} 的规模达到 N 为止。

3.3.2　基于多算子自适应的改进 NSGA-III 算法

一般来说，多目标优化进化算法高效求解多目标优化问题的本质是选用代表性高的初始种群、广度搜索和深度搜索的平衡。广度搜索主要是搜索全局空间以确保是全局解，深度搜索主要是基于当前解进行局部搜索以提高搜索效率。因此，一个理想的搜索过程是首先进行深度搜索，然后在迭代的过程中往局部搜索的方向转化。鉴于此，为了改进原始 NSGA-III 算法在生成子代采用传统的遗传算子，搜索性能过于单一，在进化的过程中容易陷入局部最优解。本节提出了一种基于多算子自适应的改进 NSGA-III 算法（Multi-Operator Self-Adaptive for Non-Dominated Sorting Genetic Algorithm-III，MOSA-NSGA-III）来求解风光水电系统多目标问题，以便能够得到更好的 Pareto 前沿。具体方法是，先引入了拉丁超立方抽样方法生成代表性高的初始种群，并在遗传算子的基础上引入粒子群算子和差分进化算子提高算子的多样性和个体的进化机制来提高算法搜索能力，然后通过引入自适应策略，让贡献率高的个体在下一次迭代过程中有更高的繁殖率，以便能够得到更好的 Pareto 前沿。

MOSA-NSGA-III 算法与原始 NSGA-III 算法在求解多目标问题的逻辑上十分相似。它们的区别是：MOSA-NSGA-III 算法通过拉丁超立方抽样生成初始种群替代原始 NSGA-III 算法第二步的蒙特卡洛随机抽样生成初始种群，且将该初始种群分成隶属于三类搜索算子的初始种群；MOSA-NSGA-III 算法在原始 NSGA-III 算法的第三步中添加了一个操作，即指定每一类算子生成后代的比例一样；MOSA-

NSGA-Ⅲ算法在原始 NSGA-Ⅲ算法的第四步中增加了计算繁殖率这一步骤，并且后续各个算子生成后代的比例根据各个算子在进化过程中的繁殖率来确定。例如，假设初始种群数量 300，有三个搜索算子，分别是差分进化算子、遗传算子和粒子群算子，此时 $P_t=[P_1, P_2, P_3] = [100, 100, 100]$，各个算子随机抽取父代进行繁殖子代 Q_t，合并父代与子代为 R_t，计算 R_t 的适应度函数，并对 R_t 进行非支配排序，将排序值优的个体作为下一代的父代 P_{t+1}，并计算各个算子的繁殖率 δ_t^j，在下一次迭代过程中，各个算子对下一代的贡献为 $[N \times \delta_t^j]$，[] 为取整函数。下面对 MOSA-NSGA-Ⅲ算法关键步骤展开详细介绍。

1. 差分进化算子

由于差分进化算子（Differential Evolution，DE）具有简单、实用的特性，因此其目前在能源[119]、水利[120]、经济[121]和物流[122]等领域被广泛使用。差分进化算子是一个随机进化算法[123]，它通过其他随机个体向量之间的加权进行不断迭代向最优解逼近，从而迭代改进候选解。差分进化算子已经被证明了具有旋转不变的性质，意味着它可以处理具有强相互依赖特性的决策变量。差分进化算子具体形式见下式：

$$X_i^{t+1} = X_i^t + E(X_a^t - X_i^t) + F(X_h^t - X_c^t) \qquad （3.25）$$

式中，X_a^t、X_b^t 和 X_c^t 分别为三个随机选择的决策变量，E 和 F 的取值范围一般是 (0.2,0.6) 和 (0.6,1.0)，Iorio 和 Li 推荐 E 取 0.4、F 取 0.8[124]。

2. 粒子群算子

粒子群算子（Particle Swarm Optimization，PSO）最初由 Kennedy 和 Eberhart 于 1995 年提出，它通过在算法里设置了无质量的粒子的移动来模拟鸟群捕食行为[125]。该粒子有两个属性，分别是速度和位置，粒子速度反应了粒子移动的快慢，粒子的位置反应了粒子移动的方向。粒子群算法中每个粒子是解空间中的一个解，它根据自己的飞行经验和同伴的飞行经验来调整自己的飞行，并在后续迭代中不断修改群体来搜索最佳解决方案。由于 PSO 算法具有简单、容易实现和参数少等特性，因此在很多领域得到了迅速发展。Kameyama 指出，原始的 PSO 算法在相对低维的优化问题中表现较好[126]，在高维问题上表现较差[127-128]，这通常也被称为早熟。为了避免 PSO 算法在迭代过程中过于早熟，本节在 MOSA-NSGA-III算法里引用 Cheng 和 Jin 提出的改进 PSO 算子[129]，具体见下式：

$$X_{l,k}^{t+1} = X_{l,k}^{t} + R_1^t(k)V_{l,k}^t + R_2^t(k)(X_{w,k}^t - X_{l,k}^t) + \varphi R_3^t(k)(\overline{X^t} - X_{l,k}^t) \qquad (3.26)$$

式中，$R_1^t(k)$、$R_2^t(k)$ 和 $R_3^t(k)$ 分别是指在第 t 次迭代过程中经过 k 次竞争和学习之后的随机数，取值范围均在 $[0,1]^n$，$\overline{X^t}$ 是第 t 次迭代过程中所有父代个体的平均值，可以认为是第 t 次迭代过程中种群的中心位置，φ 是 $\overline{X^t}$ 控制的参数。

通过式（3.26）可以看出，该算子总共分为三个部分：第一部分类似标准 PSO 算子的惯性部分，可以确保搜索过程的稳定性；第二部分类似标准的 PSO 算法的认知部分，可以使得粒子具有足够强的全局搜索能力，避免陷入局部最优解；第三部分类似标准的 PSO 算法的社会部分，体现了粒子间的信息共享。

3. 遗传自适应策略

为了充分发挥不同类型的搜索算子在算法迭代过程中搜索性能的效率，具体是让繁殖率高的搜索算子在繁殖后代个体时赋予更多的数量；反之，繁殖率低的个体赋予更少的数量繁殖后代，体现"适者生存"的思想[130]。具体方法是，定义个体数量为 N，在算法迭代开始时，定义每个搜索算子的繁殖率一样，即每个搜索算子在第一次迭代时均可以产生 $N/3$ 的子代个体。随后，通过快速非支配排序过程进行排序。具体来说，将合并后的父代与子代个体进行快速非支配排序，将优势种群作为下一代的父代，最后每个搜索算子根据上一代的繁殖率（存活个体与所生个体的比例）来确定每个搜索算子允许产生的个体数量，其计算方式见下式：

$$N_t^j = N \cdot \frac{P_t^j / N_{t-1}^j}{\sum_{j=1}^{3} (P_t^j / N_{t-1}^j)} \qquad (3.27)$$

式中，P_t^j 是第 t 次迭代第 j 个算子在精英保留有贡献的数量，N_t^j 是第 t 次迭代第 j 个算子产生后代的数量。

为了保证子代个体的多样性，本节设定当某一个搜索算子在下一代的繁殖率低于给定的阈值时，繁殖率最高的算子给繁殖率低于给定阈值的搜索算子提供个体生存条件，即将繁殖率低于给定阈值的算子在下一次迭代过程中的繁殖率赋值为给定阈值；若三个搜索算子中有两个搜索算子对下一代个体没有贡献时，繁殖率最高的搜索算子对另外两个繁殖率低于给定阈值的搜索算子提供个体生存条件，以此类推。这样繁殖率最高的搜索算子将会获得数量最多的个体，同时繁殖性能较差的搜索算子也得到了保证，即不会出现繁殖过程中有算子被丢弃。

4. 全球信息共享策略

全球信息共享策略具体是在每次迭代过程中，所有搜索算子共享当前所有的父代个体。这样可以让某些阶段繁殖率低的搜索算子能够得到其他搜索算子繁殖率高的个体，使得在之前某些阶段繁殖率不高的算子能够在随后的迭代过程中进行恢复，从而增加了其在之后的迭代过程中产生质量更高的个体的概率。随后通过遗传自适应策略确定的个体随机选择父代个体进行繁殖子代个体，可以防止繁殖率低的算子收敛于局部最优解[130]。

3.3.3 基于约束重构的改进 NSGA-III算法

由 3.2 节所建立的风光水电系统长期多目标模型可知，流域风光水电系统多目标优化调度问题是一个大规模、复杂、多维、多目标优化问题，若直接应用NSGA-III算法对其进行求解，效率较低。因此，本节将风光水系统进行解耦，分解成风、光被补偿子系统和梯级水电站子系统。由于梯级水电站上、下游水库存在水量联系、各个水库之间运行策略互相影响、各个电站之间存在电力联系和各个变量之间互相耦合等情况，若在迭代过程中直接对个体进行交叉和变异操作，可能会使得原本属于可行解的父代个体经过交叉和变异后，其子代个体在出库流量、出力等约束条件下遭到破坏，成为不可行解[131]。

鉴于此，本节在交叉、变异前构造以梯级水电站库水位为决策变量的交叉和变异的动态可行域，减少了原本作为可行解的个体遭到破坏的概率，提出基于约束重构的改进 NSGA-III 算法（Constraint Reconstruction for Non-Dominated Sorting Genetic Algorithm-III，CR-NSGA-III）。具体方法是，在 3.3.1 节的原始 NSGA-III 算法第三步添加了动态可行域建立这一步骤。下面对动态可行域的建立这一关键步骤进行介绍。

考虑单个水电站，假定发生交叉和变异操作的时间点为 $tp+1$，对于第 j 个约束，固定在时刻 tp 的水位，此时如果希望约束条件 j 在 tp 时段不被破坏，可以建立时刻 $tp+1$ 的正向可行域（Forward Feasible Region，FFR），定义 $CountC$ 为可能被破坏的约束条件个数，则在时刻 $tp+1$ 的所有的正向可行域可以定义为 FFR_j，$j=(1,2,\dots,CountC)$；同样，可以根据上述逻辑得出时刻 $tp+1$ 的反向可行域（Reverse Feasible Region，RFR），具体是固定时刻 $tp+2$ 的水位，根据约束条件 j 在时刻 $tp+1$ 不被破坏的原则，则第 j 个约束条件在时刻 $tp+1$ 的反向可行域可以记为 RFR_j。根据交集原则，在对于第 j 个约束条件在时刻 $tp+1$ 的动态可行域可以被定义为 FR_j，具体见下式：

$$FR_j = FFR_j \cap RFR_j, \quad j=(1,2,\dots,CountC) \tag{3.28}$$

进一步，对于单个水电站，满足所有约束条件的动态可行域如图 3.5 所示，其表达式可以被定义为下式：

$$FR = \bigcap_{j=(1,2,\dots,CountC)} FR_j \tag{3.29}$$

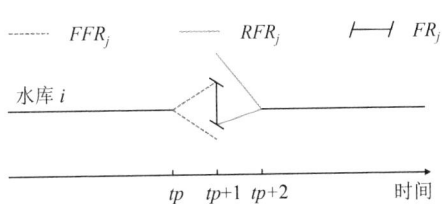

图 3.5 单库动态可行域示意图

1. 出库流量约束

在水电站入库流量 $Q_{i,tp}$ 已知的情况下，根据水量平衡原理，则出库流量约束

相对应的库容 $V_{i,tp+1}$ 的正向可行域 $FFR_1(V_{i,tp+1})$ 和反向可行域 $RFR_1(V_{i,tp+1})$ 分别见下面两式：

$$FFR_1(V_{i,tp+1}) = [V_{i,tp} + (Q_{i,tp} - \overline{O}_{i,tp}) \times \Delta t$$
$$V_{i,tp} + (Q_{i,tp} - \underline{O}_{i,tp}) \times \Delta t] \tag{3.30}$$

$$RFR_1(V_{i,tp+1}) = [V_{i,tp+2} - (Q_{i,tp+1} - \underline{O}_{i,tp}) \times \Delta t$$
$$V_{i,tp+2} - (Q_{i,tp} - \overline{O}_{i,tp}) \times \Delta t] \tag{3.31}$$

对入库流量 $Q_{i,tp}$ 在时刻 $tp+1$ 的正向可行域 $FFR_1(V_{i,tp+1})$ 和反向可行域 $RFR_1(V_{i,tp+1})$ 进行合并，可以得到入库流量 $Q_{i,tp}$ 在时刻 $tp+1$ 的动态可行域 $FR_1(V_{i,tp+1})$，见下式：

$$FR_1(V_{i,tp+1}) = FFR_1(V_{i,tp+1}) \bigcap RFR_1(V_{i,tp+1}) \tag{3.32}$$

2. 水电站出力约束

根据式（3.23）的水电站出力特性函数可知，出力的上、下限满足下式：

$$\underline{PH}_{i,tp} \leqslant OP_{i,tp} / g(\Delta H_{i,tp}) \leqslant \overline{PH}_{i,tp} \tag{3.33}$$

进一步，根据水量平衡原理，水电站出力在时刻 $tp+1$ 的变化的正向可行域 $FFR_2(V_{i,tp+1})$ 和反向可行域 $RFR_2(V_{i,tp+1})$ 分别见下面两式：

$$FFR_2(V_{i,tp+1}) = \{V_{i,tp} + [Q_{i,tp} - \overline{PH}_{i,tp} \times g(\Delta H_{i,tp})] \times \Lambda t,$$
$$V_{i,tp} + [Q_{i,tp} - \underline{PH}_{i,tp} \times g(\Delta H_{i,tp})] \times \Delta t\} \tag{3.34}$$

$$RFR_2(V_{i,tp+1}) = \{V_{i,tp+2} - [Q_{i,tp+1} - \underline{PH}_{i,tp} \times g(\Delta H_{i,tp})] \times \Delta t,$$
$$V_{i,tp+2} - [Q_{i,tp+1} - \overline{PH}_{i,tp} \times g(\Delta H_{i,tp})] \times \Delta t\} \tag{3.35}$$

对水电站出力在时刻 $tp+1$ 的正向可行域 $FFR_2(V_{i,tp+1})$ 和反向可行域 $RFR_2(V_{i,tp+1})$ 进行合并，可以得到出力约束在时刻 $tp+1$ 的动态可行域 $FR_2(V_{i,tp+1})$，见下式：

$$FR_2(V_{i,tp+1}) = FFR_2(V_{i,tp+1}) \bigcap RFR_2(V_{i,tp+1}) \tag{3.36}$$

由于梯级水电站之间存在着水量联系，上游水库的放水策略可能会影响到下游水库的动态可行域，因此本节对存在多变量耦合约束的梯级水电站子系统采用轮库迭代的思想进行解耦。具体方法是，当对第 i 库求解动态可行域时，假定其他水库的库水位不变，此时梯级水电站的耦合约束转变成了单个水电站的约束，库群动态可行域示意图如图 3.6 所示。

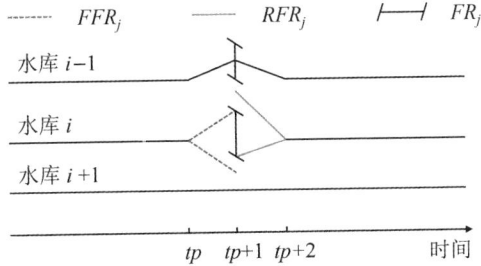

图 3.6　库群动态可行域示意图

当在交叉和变异操作前确定好了梯级水电站的动态可行域之后，就可以在动态可行域内进行交叉和变异操作，交叉操作的具体形式见下面两式：

$$Ind_{i,t}^{k_1,cro} = \begin{cases} Ind_{i,t}^{m_2}, & t > tp+1 \\ VZ(V_{i,tp+1}^*), & t = tp+1 \\ Ind_{i,t}^{m_1}, & t < tp+1 \end{cases} \tag{3.37}$$

$$Ind_{i,t}^{k_2,cro} = \begin{cases} Ind_{i,t}^{m_1}, & t > tp+1 \\ VZ(W_{i,tp+1}^*), & t = tp+1 \\ Ind_{i,t}^{m_2}, & t < tp+1 \end{cases} \tag{3.38}$$

式中，$tp+1$ 为随机交叉时刻，$VZ(\bullet)$ 为库容-水位转化函数，$V_{i,tp+1}^*$ 和 $W_{i,tp+1}^*$ 均为动态可行域中的随机数，它们的取值范围分别为 $V_{i,tp+1}^* \in FR(V_{i,tp+1})$ 和 $W_{i,tp+1}^* \in FR(W_{i,tp+1})$。

变异操作的形式见下式：

$$Ind_{i,t}^{m,vai} = \begin{cases} VZ(V_{i,t}^*), & Rnd \leqslant P_m \\ Ind_{i,t}^m, & Rnd > P_m \end{cases} \tag{3.39}$$

式中，$V_{i,t}^*$ 为动态可行域内的随机数，其取值范围为 $V_{i,t}^* \in FR(V_{i,t})$。

以上提出的多个算法求解风光水电系统多目标模型对比流程图，如图 3.7 所示。

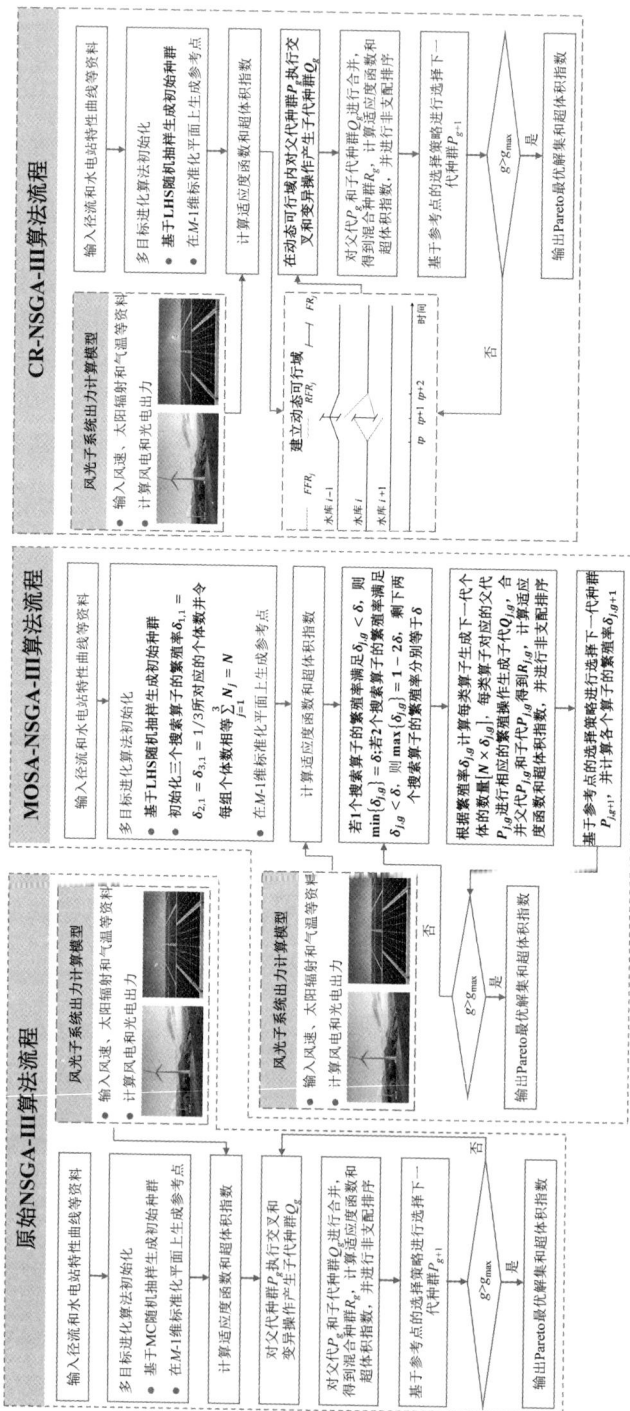

图 3.7 多个算法求解风光水电系统多目标模型对比流程图

3.4 实例研究

由于基于多算子自适应的改进算法是单纯从数学角度对原始算法进行改进，因此 3.4.1 节首先将基于多算子自适应的改进算法应用于八个标准测试函数来说明改进算法在数学层面上的有效性；随后在 3.4.2 节介绍研究区域概况，在 3.4.3 节对两类不同改进思想在风光水电系统应用效果进行了对比，并剖析风光水电系统三个目标之间的置换关系。

3.4.1 测试函数

本节采用不同目标函数结构、约束、或非约束等多种形状的一组或几组测试函数来全面地展现、评价本节改进算法的多目标优化性能。一些经典的测试函数被广泛应用于多目标进化算法研究当中，其中 Zitzler-Deb-Thiele's（ZDT）和 Deb-Thiele's-Laumanns-Zitzler（DTLZ）系列函数最为常用，它们对多目标进化算法性能的评价及比较具有重要的参考价值[132-133]。因此，本节选用了 ZDT 系列函数和 DTLZ 系列函数对改进 NSGA-III算法进行评价。测试函数 ZDT1-4 和 ZDT6 一般用来测试算法对于两个目标的优化能力，DTLZ1-3 可以根据需求自定义目标数，本节用来测试算法对于三个目标的优化性能。本节对 NSGA-III算法采用实数编码，因此，未对测试函数 ZDT5 进行测试。多目标测试函数的形式和特点如表 3.1 所示。

表 3.1 多目标测试函数的形式和特点

测试函数	目标个数	具体函数	算法维数	可行域	Pareto 前沿的特点
ZDT1	2	$f_1(x) = x_1$ $f_2(x) = g[1 - \sqrt{f_1/g}]$ $g(x) = 1 + 9\left(\sum_{i=2}^{n} x_i\right)\bigg/(n-1)$	30	$x_1 \in [0,1]$ $x_i = 0$ $i = 2, 3, \ldots, n$	高维 凸

续表

测试函数	目标个数	具体函数	算法维数	可行域	Pareto 前沿的特点
ZDT2	2	$f_1(x)=x_1$ $f_2(x)=g[1-(f_1/g)^2]$ $g(x)=1+9\left(\sum_{i=2}^{n}x_i\right)/(n-1)$	30	$x_1\in[0,1]$ $x_i=0$ $i=2,3,\ldots,n$	高维 非凸
ZDT3	2	$f_1(x)=x_1$ $f_2(x)=g[1-\sqrt{f_1/g}]-(f_1/g)\sin(10\pi f_1)$ $g(x)=1+9\left(\sum_{i=2}^{n}x_i\right)/(n-1)$	30	$x_1\in[0,1]$ $x_i=0$ $i=2,3,\ldots,n$	高维 非连续
ZDT4	2	$f_1(x)=x_1$ $f_2(x)=g[1-\sqrt{f_1/g}]$ $g(x)=1+10(n-1)+\sum_{i=2}^{n}[x_i^2-10\cos(4\pi x_i)]$	10	$x_1\in[0,1]$ $x_i\in[-5,5]$ $i=2,3,\ldots,n$	非凸 易陷入局部最优
ZDT6	2	$f_1(x)=1-\exp(-4x_1)\sin^6(4\pi x_1)x_1$ $f_2(x)=g[1-(f_1/g)^2]$ $g(x)=1+\left[9\left(\sum_{i=2}^{n}x_i\right)/(n-1)\right]^{0.25}$	10	$x_1\in[0,1]$ $x_i=0$ $i=2,3,\ldots,n$	非凸 非均匀
DTLZ1	3	$f_1(x)=\frac{1}{2}x_1x_2[1+g(x_3)]$ $f_2(x)=\frac{1}{2}x_1(1-x_2)[1+g(x_3)]$ $f_3(x)=\frac{1}{2}(1-x_1)[1+g(x_3)]$ $g(x)=\left\{100|x_3|+\sum_{x_i\in x_3}(x_i-0.5)^2-\cos[20\pi(x_1-0.5)]\right\}$	10	$x_1,x_2\in[0,1]$ $x_i=0.5$ $i=3,4,\ldots,n$	多目标 线性的 多峰
DTLZ2	3	$f_1(x)=[1+g(x)]\cos(x_1\pi/2)\times\cos(x_2\pi/2)$ $f_2(x)=[1+g(x)]\cos(x_1\pi/2)\times\sin(x_2\pi/2)$ $f_3(x)=[1+g(x_3)]\sin(x_1\pi/2)$ $g(x)=\sum_{x_i=3}^{n}(x_i-0.5)^2$	12	$x_1,x_2\in[0,1]$ $x_i=0.5$ $i=3,4,\ldots,n$	多目标 凹
DTLZ3	3	$f_1(x)=[1+g(x)]\cos(x_1\pi/2)\times\cos(x_2\pi/2)$ $f_2(x)=[1+g(x)]\cos(x_1\pi/2)\times\sin(x_2\pi/2)$ $f_3(x)=[1+g(x_3)]\sin(x_1\pi/2)$ $g(x)=\left\{100|x_3|+\sum_{x_i\in x_3}(x_i-0.5)^2-\cos[20\pi(x_1-0.5)]\right\}$	12	$x_1,x_2\in[0,1]$ $x_i=0.5$ $i=3,4,\ldots,n$	多目标 凹的 多峰

多目标进化算法求解多目标问题时的效果评价一般是由收敛性和多样性指标衡量。收敛性反映了多目标进化算法求解得到的非劣解集与真实 Pareto 前沿的偏差程度；多样性为多目标进化算法求解得到的结果在可行域内分布情况，反映了非劣解集全面和多样特性。

（1）收敛性指标。本节采用收敛性指标来度量多目标进化算法求解出来的目标空间与真实的 Pareto 前沿之间的距离。在多目标算法中，常使用反转欧氏距离（Inverted Generational Distance，IGD）指标衡量算法收敛性，IGD 值越小，表明收敛性越好[134]。假设 P^* 是已知的某个参考解集，A 是算法找到的非劣解集，则解集 A 的 IGD 值为

$$\mathrm{IGD}(A, P^*) = \frac{1}{|P^*|} \sum_{y \in P^*} \min \; d(x, y) \qquad (3.40)$$

式中，IGD 是 A 到 P^* 的所有解的最短距离的平均值，该指标可反映 A 的收敛性，IGD 值越小越优。

（2）收敛性-多样性指标。本节采用收敛和多样性指标衡量多目标进化算法得到的非劣解集 A 在单一尺度上收敛性和多样性方面的质量。超体积（Hyper-Volume，HV）是衡量多目标优化方法求解质量的一种综合指标，HV 值越大表明该算法的性能越好[135]，其定义如下：

$$\mathrm{HV} = volume \left(\bigcup_{i=1}^{N_{PF}} v_i \right) \qquad (3.41)$$

式中，N_{PF} 为最后得到的 Pareto 前沿上所有非劣解的个数，v_i 为 Pareto 前沿上第 i 个非劣解与参考点围成的体积，HV 值越大越优。

（3）多样性指标。本节采用多样性指标衡量多目标进化算法得到的非劣解集的分布性和宽广性[75]。多样性指标（Spread）通过计算非劣解集中每个点与其相邻点距离 d_i，平均距离 $\bar{d}$，边缘点与真实前沿边缘距离 d_f 和 d_l，来衡量解集的分布情况，其定义如下：

$$Spread = \frac{d_f + d_l + \sum_{i=1}^{N-1}\left|d_i - \overline{d}\right|}{d_f + d_l + (N-1)\overline{d}} \qquad (3.42)$$

式中，N 表示 PF 的规模，$Spread$ 值越小，说明算法获得解的分布性越好。

为了检验改进的 NSGA-III 算法的性能，本节分别采用标准的 NSGA-III 算法和 MOSA-NSGA-III 算法对表 3.1 中八个测试函数进行求解（CR-NSGA-III 算法是针对风光水电系统物理层面改进，因此本次不将其用于上述八个测试函数求解）。为了使各个算法在同一标准上比较算法性能差异，本节参数设置的具体原则是各个算法的通用的参数保持一致，各个算法特有的参数参考相关文献[129-130]设定。其中原始的 NSGA-III 算法和 MOSA-NSGA-III 算法相关参数设置如下：种群规模为 100，最大迭代次数为 200，交叉概率为 1，变异概率为 $1/n$，交叉指数为 30，变异指数为 20。图 3.8 显示的是原始的 NSGA-III 算法和 MOSA-NSGA-III 算法对表 3.1 中八个测试函数分别独立运行 20 次后的性能指标箱型图。其中箱形图中心线代表的是中位数，每个箱子上、下边缘表示的是上四分位数和下四分位数，各个指标最小值和最大值分别用箱子下面、上面连接起来的线表示，红色表示原始的 NSGA-III 算法得出的指标，蓝色表示 MOSA-NSGA-III 算法得出的指标。

从图 3.8 可以看出，两个算法的收敛性指标 IGD 值在测试函数 ZDT3 上相差无几，但在其他七个测试函数中，MOSA-NSGA-III 算法的 IGD 值明显优于原始的 NSGA-III 算法，且 MOSA-NSGA-III 算法的收敛性指标 IGD 在 20 次独立测试的指标几乎一样，表明 MOSA-NSGA-III 算法在收敛性指标上具有更好的稳定性。从图 3.8 可以进一步看出，MOSA-NSGA-III 算法在所有的测试函数中的 HV、Spread 值均优于原始的 NSGA-III 算法，表明本节改进的算法在求解多目标问题时 Pareto 前沿分布更均匀，且更靠近真实 Pareto 前沿。因此，从综合性能上看，MOSA-NSGA-III 算法比原始的 NSGA-III 算法有较大提升，说明 MOSA-NSGA-III 算法相比原始的 NSGA-III 算法更适合求解高维多目标优化问题。

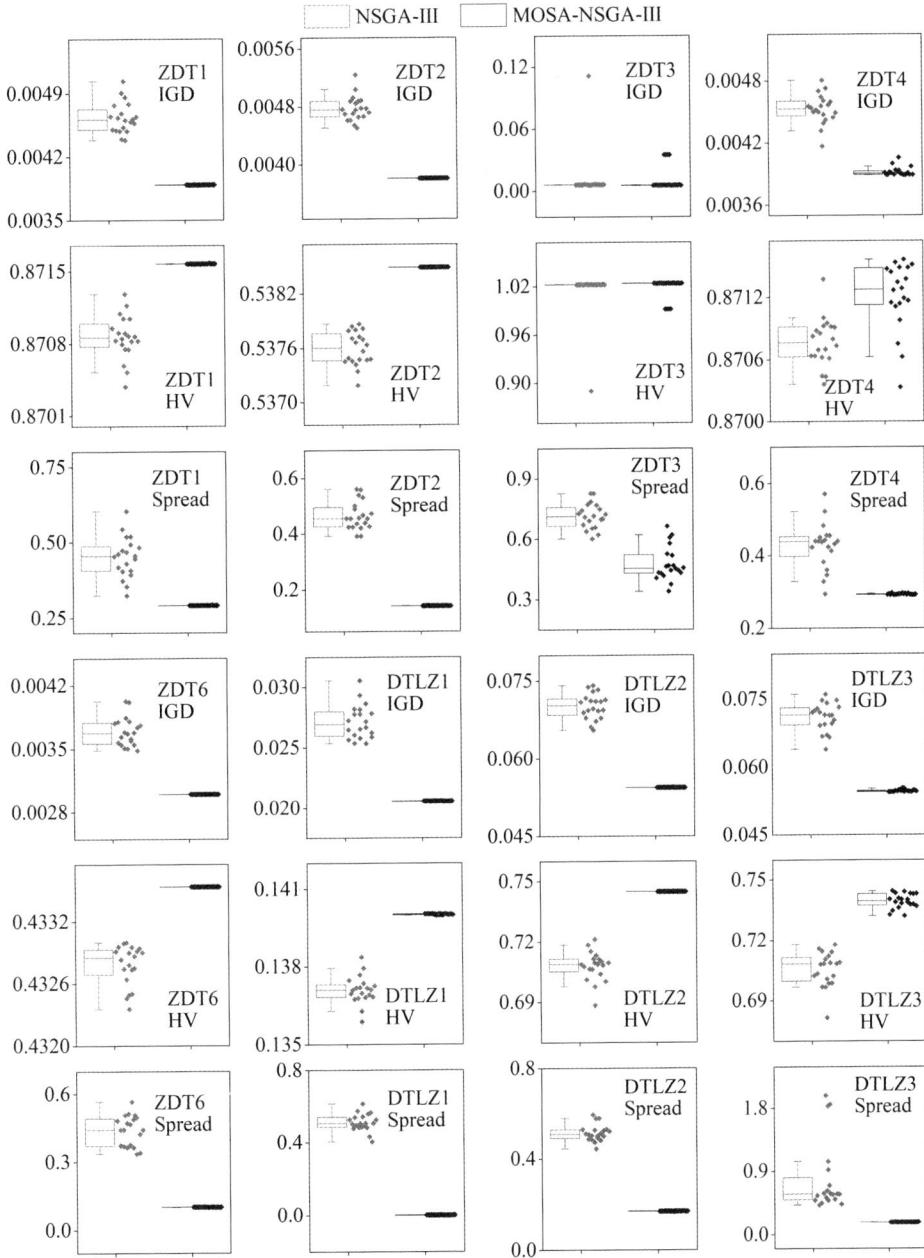

图 3.8 测试函数性能指标箱型图

3.4.2 研究区域

雅砻江流域位于我国青藏高原东部，具有丰富的风光水能资源，目前规划风光水电总装机容量约 6000 万 kW，其中水电规划装机容量约 3000 万 kW，风、光电规划装机容量约 3000 万 kW，是世界上目前规划的最大风光水互补清洁能源示范基地[7]，图 3.9 所示为雅砻江流域概化图。

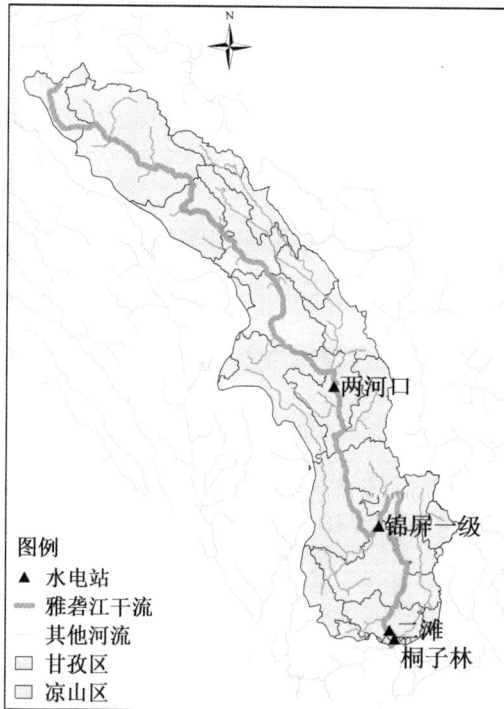

图 3.9　雅砻江流域概化图

光伏电站大都规划在高海拔地区，而风电站大部分规划在甘孜地区。雅砻江干流共规划了 22 个梯级水电站，其中两河口、锦屏一级和二滩水电站具有较好的调节性能，调节库容为 148.4 亿 m³，可以实现对大规模的风、光出力进行补偿调度，桐子林水电站仅具有日调节性能。表 3.2 列出了雅砻江流域风光水电站数量和装机容量数据，表 3.3 列出了具有较好调节能力的两河口、锦屏一级和二滩水电站参数。

表 3.2　雅砻江流域风光水电站数量和装机容量

电站	甘孜地区		凉山地区	
	数量	装机容量/MW	数量	装机容量/MW
风电站	9	5200	65	6800
光伏电站	8	13050	18	4950
水电站	17	15300	5	14700

表 3.3　雅砻江流域主要水电站参数

水电站	调节能力	正常高水位/m	死水位/m	调节库容/亿 m^3	装机容量/MW
两河口	多年调节	2865	2785	65.6	3000
锦屏一级	年调节	1880	1800	49.1	3600
二滩	季调节	1200	1155	33.7	3300

在进行模型优化时，19 个日调节能力的电站不进行优化，但它们的出力包括在模型计算当中。由于桐子林电站下游生态要求较高[17]，因此本节生态目标仅考虑桐子林出库与天然状态下流量的偏差。

3.4.3　结果分析

通过多次试验得出原始 NSGA-III 算法在雅砻江流域风光水电系统多目标调度的最优参数，具体如下：种群规模为 1000，最大迭代次数为 500，交叉概率为 0.9，变异概率为 0.1。

HV 指标是衡量多目标进化算法求解质量的一种综合指标，尤其适合理想 Pareto 前沿未知的情况下，HV 指标能较为客观地评价算法获得 Pareto 前沿的收敛性、宽广性和均匀性[135]，而 IGD 指标和 Spread 指标不适合理想 Pareto 前沿未知的情况。因此，本节选用 HV 指标来评价上述三种算法求解雅砻江流域风光水电系统多目标模型的性能。图 3.10 所示为用原始 NSGA-III、MOSA-NSGA-III 和

CR-NSGA-Ⅲ算法求解上述风光水电系统多目标模型的 HV 指标值随着迭代次数变化的过程。图 3.10 中的数据均为 20 次独立计算的平均值。

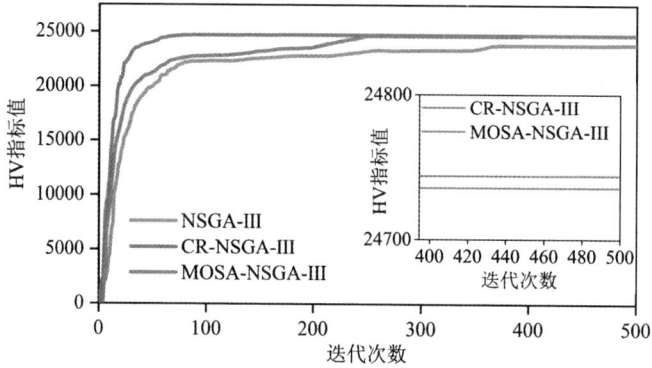

图 3.10　三个算法的 HV 指标值随着迭代次数变化的过程

从图 3.10 可以看出，在迭代初期，用 MOSA-NSGA-Ⅲ和 CR-NSGA-Ⅲ算法求解得到的 HV 指标值均大于原始 NSGA-Ⅲ算法，表明基于数学角度和物理角度改进的 NSGA-Ⅲ算法在迭代初期搜索效率高于原始的 NSGA-Ⅲ算法。CR-NSGA-Ⅲ、MOSA-NSGA-Ⅲ和原始 NSGA-Ⅲ算法分别在迭代 80、240 和 360 次左右趋于稳定，表明 CR-NSGA-Ⅲ算法在整个搜索过程中搜索效率最高，MOSA-NSGA-Ⅲ算法其次，原始 NSGA-Ⅲ算法最低。在迭代后期，三种算法的 HV 指标值均保持不变，这意味着各算法求解得到的非劣解的分布已经趋于稳定的状态。且上述两个不同改进思想的算法求解得到的 HV 指标值均大于原始 NSGA-Ⅲ算法，表明上述改进的算法较原始 NSGA-Ⅲ算法在求解风光水电系统多目标问题上具有更好的性能。

在优化结束时，通过图 3.10 右侧的局部放大图可以看出，CR-NSGA-Ⅲ算法求解得到的 HV 指标值大于 MOSA-NSGA-Ⅲ算法，此时可以认为从物理角度改进的 CR-NSGA-Ⅲ算法求解得到的非劣解集较 MOSA-NSGA-Ⅲ算法分布更广，更接近理想的 Pareto 前沿的非劣解。综上所述，CR-NSGA-Ⅲ算法在达到收敛时的迭代次数小于 MOSA-NSGA-III和原始 NSGA-III算法，以及最终的 HV 指标值大于 MOSA-NSGA-III和原始 NSGA-III算法，表明在求解风光水电系统多目标问题时，使用 CR-NSGA-III算法较其他两个算法更为合适。这可能是由于 CR-NSGA-III算法是基于动态可行域进行繁殖后代，在迭代过程中较大程度地避免了可行解遭到破坏的情况，而 MOSA-NSGA-III和原始 NSGA-III算法在迭代过程中不可避免地会出现可行解遭到破坏，导致算法迭代后期陷入局部搜索的过程。不过 MOSA-NSGA-III算法引入了多算子繁殖、遗传自适应以及信息共享策略，相较于原始 NSGA-III算法在求解风光水电系统多目标问题时，具有更好的搜索性能。

为了进一步阐述 MOSA-NSGA-III算法较原始的 NSGA-III算法在风光水电系统多目标模型求解上的优越性，图 3.11 统计了 MOSA-NSGA-III算法独立运行 20 次各个搜索算子在迭代过程中繁殖率的变化情况。从图 3.11 可知，在迭代初期（迭代 30 次附近），遗传算子（红色区域）呈现出较高的繁殖率，这是由于经典遗传算子在迭代初期具有更好的全局优化性能。从图 3.10 也可以看出，在 0~30 代这个区间，HV 指标值处于快速上升区间；随后，在 30~130 代，遗传算子一直处于高位波动，对应图 3.10 的 HV 指标值由快速上升趋势转为较慢上升趋势；在 130~240 代，在遗传算子的繁殖率降低的同时，差分进化算子和粒子群算子繁殖率逐渐增加，HV 指标值增加更加缓慢，且 HV 指标值大于 NSGA-III算法，表明了使用混合算子遗传自适应策略能够提高算法的寻优效率，以上表明 MOSA-NSGA-III算法在求解风光水电系统多目标模型中具有较好的性能。

通过上述分析得出，CR-NSGA-III算法最适合求解风光水电系统多目标问题，因此本节选取 CR-NSGA-III算法计算雅砻江流域风光水电系统多目标模型。CR-NSGA-III算法属于随机进化算法，为了消除算法的随机性，本节采用 CR-NSGA-III算法独立进行 20 次实验，选取 HV 指标值最大的一次实验结果进行分析。图 3.12 显示了应用 CR-NSGA-III算法求解风光水电系统多目标问题得到的非劣解集。从图 3.12 可以看出，若要增大三个目标中一个目标的效益，则需要以牺牲其他两个目标作为代价，体现出风光水系统发电效益、发电稳定性和下游生态三者之间的竞争博弈关系。

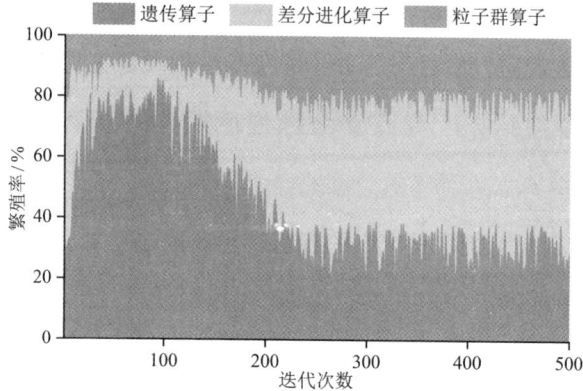

图 3.11　MOSA-NAGA-III算法独立运行 20 次各搜索算子在迭代过程中繁殖率的变化情况

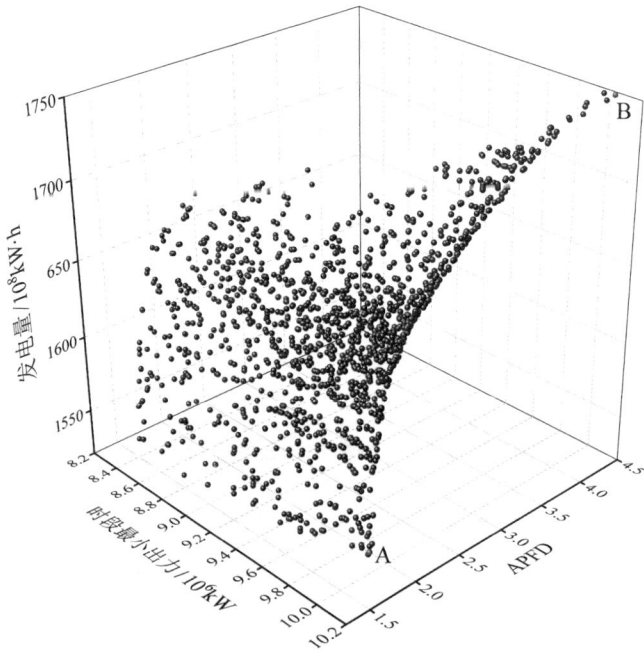

图 3.12　CR-NSGA-III算法求解风光水电系统多目标问题的非劣解集

为了进一步分析上述三个目标之间的竞争关系，对图 3.12 的多目标散点图在三个坐标轴上进行投影，可以得到图 3.13 所示的二维投影图。由图 3.13（a）可知，当时段最小出力固定不变时，随着发电量的增大，APFD 值也随之增大，表现出生态效益随着发电量的增大而减小。当时段最小出力减小时，发电量和生态效益两个目标之间的关系右移，即随着时段最小出力减小，表现出生态效益和发电量分别呈现出增加的趋势。由图 3.13（b）可以看出，当发电量固定时，APFD 值随着时段最小出力的增加而增大，即生态效益随着出力稳定性的增大而减小。由图 3.13（c）可以看出，当 APFD 值较小时，即生态效益较优，表现出发电量与时段最小出力的竞争关系不太明显，随着 APFD 值增大，发电量与时段最小出力呈现出一个正比的关系，即时段最小出力增大，发电量随之增大。

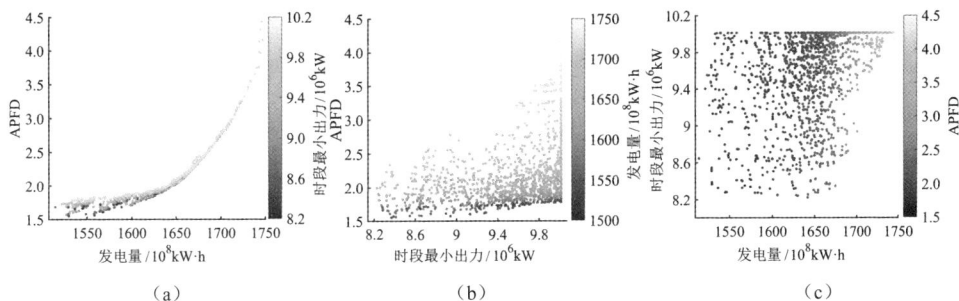

图 3.13   雅砻江流域风光水电系统三维投影图

由图 3.13 可以进一步得出：在风光水电系统多目标优化调度中，三个目标之间存在着竞争关系，其中发电量目标和生态目标的竞争关系最强，其次是生态效益目标和出力稳定性目标的竞争关系。

为了再进一步分析风光水电系统多目标优化调度过程特征，下面选择图 3.12 的两个方案（A 和 B）进行分析。可以看出，方案 A 和方案 B 的保证出力均为 10011.87 万 kW，但是方案 B 的发电量比方案 A 多了 198.94 亿 kW·h。考虑到桐子林电站下游生态要求较高，本节选取桐子林水库在天然情况、方案 A 和方案 B

的出库流量,如图 3.14 所示。两河口、锦屏一级和二滩的水位过程,分别如图 3.15

(a)至图 3.15（c）所示。

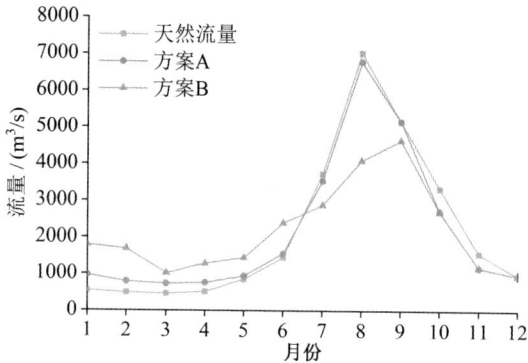

图 3.14　桐子林水库下游断面出库流量

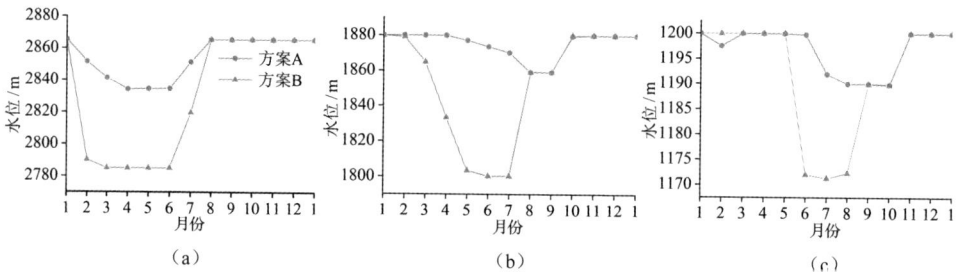

(a)　　　　　　　　　　　(b)　　　　　　　　　　　(c)

图 3.15　方案 A 和方案 B 的水位过程

结合图 3.14 和图 3.15 可知,方案 A 和方案 B 在桐子林下游断面的出流过程
在蓄水期相差不大,这主要是因为汛期过后,水库需要在年末回蓄到正常高水位,
水库在蓄水期尽量蓄水,水库的水位过程相似,因此水库的出流过程相差不大。
通过统计消落期和汛期这两个阶段,发现方案 A 较方案 B 弃水多了 513.23 亿 m³,
这是因为方案 A 为了出库流量尽可能与天然流量过程一致,前期尽量减少出库流
量,导致后期弃水较多,因此发电量较少。而方案 B 为了尽可能增加风光水电系
统的发电量,在前期增加了出库流量,为汛期的到来腾空了库容,减少了弃水,
从而增加了发电量。

3.5 本 章 小 结

风光水电联合调度时，梯级水电站需根据风、光的不稳定出力适应性调整自身运行方式补偿风光出力，改变了梯级水电站的传统调度方式，难以在保证风光水电系统发电效益的同时，兼顾电网安全、稳定运行和水电站下游生态健康等目标。而且部分水电站建站较早，规划和建设期间未考虑使用水电站补偿风光出力。鉴于此，本章首先在第 2 章获得了风光出力长期对水电能源电量补偿特性的基础上，构建了统筹考虑风光水电系统发电效益，电网安全、稳定运行和水电站下游河道生态健康的多目标优化调度模型。考虑到风光水电多目标优化调度问题是一个巨型、多维、非线性、多目标、复杂约束的优化问题，对其高效求解极其困难，本章还采用了大系统分解原理将风光水电系统解耦成风光被补偿子系统和水电子系统，并根据子系统特点，引入了 Pareto 优化理论和现代智能优化理论，从多目标进化算法自身和风光水电系统自身出发，分别提出了从数学角度（多目标进化算法自身）和物理角度（风光水电系统物理层面）两种不同改进思想的 NSGA-III 算法，对比分析了两种不同改进思想的 NSGA-III 算法求解风光水电系统复杂问题的效率，剖析了两类多目标进化算法求解效率差异的机制，分析了风光水电系统多目标之间的竞争关系。本章获得的主要结论如下。

（1）从数学角度出发提出的 MOSA-NSGA-III 算法在七个测试函数上 Pareto 前沿的宽广性、多样性、收敛性和算法稳定性均优于原始的 NSGA-III 算法，剩余一个测试函数在收敛性与原始的 NSGA-III 算法相差无几，表明了本章提出的 MOSA-NSGA-III 算法在求解复杂问题上的优越性。

（2）本章提出的 MOSA-NSGA-III 和 CR-NSGA-III 算法在求解风光水电系统多目标优化问题时，在算法迭代初期上述两个算法的搜索效率均明显高于原始的 NSGA-III算法，达到收敛的迭代次数均小于原始的 NSGA-III算法，且在迭代结束时上述两个算法的 HV 指标值均优于原始的 NSGA-III算法，表明了本章提出的 MOSA-NSGA-III和 CR-NSGA-III算法在求解复杂风光水电系统多目标问题的高效性。

（3）本章提出的从物理角度改进的多目标进化算法（CR-NSGA-III算法）收敛速度优于从数学角度提出改进的多目标进化算法（MOSA-NSGA-III算法），且在迭代结束时，CR-NSGA-III算法求解得到的 HV 指标值大于 MOSA-NSGA-III算法，表明基于物理角度改进的 NSGA-III算法更适合风光水电系统多目标问题求解。这可能是由于 CR-NSGA-III算法是基于动态可行域进行繁殖后代，在迭代过程中较大程度地避免了可行解遭到破坏的情况，而 MOSA-NSGA-III和原始 NSGA-III算法在迭代过程中不可避免地会出现可行解遭到破坏，导致算法迭代后期陷入局部搜索的过程。

（4）在雅砻江流域风光水电系统多目标优化调度中，发电效益、出力稳定性和水电站下游生态这三个目标之间存在着竞争关系，其中发电效益目标和生态目标的竞争关系最强，其次是生态目标和出力稳定性目标的竞争关系，在部分解空间中，发电效益和出力稳定性存在着共赢的关系。

第4章　风光水电系统两阶段随机多属性决策研究

风光水电系统调度计划的科学制订是保障系统效益、电力系统安全、下游河道健康、水库安全等目标的关键基础，且调度计划在制订过程中受决策者主观偏好性和指标自身的重要性程度等诸多不确定因素的影响。在群决策制定风光水电系统调度计划方案时，由于它包含了风能、光能、水能、生态和群体决策等多个学科的知识，对于决策者制定科学、合理的方案要求较高。决策者在决策初期受自身知识水平影响，对于各个指标权重认识不清楚，可能不能够直接给定相应的权重信息，甚至指标权重信息完全未知。随着决策的进行，决策者对于各个方案和指标权重认识逐渐清晰，可以给出指标权重部分信息或模糊的信息。

鉴于此，本章在上一章得到了风光水电系统的非劣解集的基础上，开展风光水电系统两阶段群体决策研究。针对风光水电群决策过程中决策初期（第一阶段）决策者由于自身知识受限，不敢表达自己的偏好信息的情况，引入随机多指标可接受性分析理论[136]（Stochastic multi-criteria acceptability analysis，SMAA-2）和VIKOR 模型[137]（VlseKriterijumska Optimizacija I Kompromisno Resenje，VIKOR），提出 SMAA-VIKOR 模型来对各个完全未知的指标权重进行反权重空间分析，明晰指标权重空间。在决策后期（第二阶段），随着可获取信息不断增加，决策者对于各个方案和指标权重的认识逐渐清晰，但对于指标权重还存在相应的模糊性，依赖于决策群体的部分清楚部分模糊的主观意见。针对这一情况，引入直觉模糊层次分析法（Intuitionistic Fuzzy Analytic Hierarchy Process，IFAHP），允许决策群体表达自己的模糊偏好信息[138]，并最终建立 IFAHP-SMAA-VIKOR 模型来科学制定风光水电系统长期的调度方案，丰富和完善不确定性条件下的随机多属性决策方法。

4.1　多属性决策问题描述

多属性决策属于运筹学范畴的子学科，可以用来评估日常生活、企业选址、政府决策、能源规划等领域决策中多个互相冲突的指标。多属性决策通常是利用已知的决策信息，通过一定的方法对有限个方案进行排序，从而为决策者进行决策提供相应的信息。多属性决策问题通常由指标体系、偏好信息、备选方案和决策模型构成[139]。指标体系一般是从多视角、多层次的角度来构建，从而反映出待评价方案的客观数量和优劣程度的集合。偏好信息一般以指标权重的方式给出，主要分为主观和客观权重，主观权重可以根据决策者的主观判断或偏好来确定权重；而客观权重是根据指标自身的信息和相关系数进行确定，忽略了决策者的主观判断信息。多属性决策问题最核心的部分是决策模型，它将构建好的指标体系以一定的指标权重信息进行反映，并结合备选方案的指标值以一定的数学公式（即决策模型）进行体现，从而评价各个备选方案。

4.2　基于 SMAA 理论的风光水电系统多属性决策

风光水电系统调度方案制定涉及风能、光能、水能、生态和群体决策等多个学科的知识，需要决策群体熟悉风能、光能、水能、生态和群体决策等多个学科的知识，决策者若要制定科学合理的调度方案较为困难。决策者在决策初期受自身知识水平影响，对于各个指标权重认识不够清楚，可能面临不能直接给定指标权重信息的困境，甚至指标权重信息完全未知。随着决策的进行，决策群体对于指标权重信息认识逐渐清晰，能够给出部分或者模糊的权重信息。鉴于此，本节提出基于 IFAHP-SMAA-VIKOR 模型的风光水电系统调度方案两阶段制定流程。在决策的第一阶段，针对决策者无法直接给出指标权重信息的情况，引入 SMAA-2 和 VIKOR 模型，提出基于 SMAA-VIKOR 模型对指标权重空间进行反权重空间分析；在决策的第二阶段，随着决策群体对于风光水电系统调度方案制定的认识逐渐清楚，提出基于 IFAHP-SMAA-VIKOR 模型的风光水电系统随机多属性决策研究，通过第 3 章得到的 Pareto 前沿和第一阶段得到的中心权重向量，输入该模型，得出科学合理的风光水电系统调度方案，其决策过程具体如图 4.1 所示。

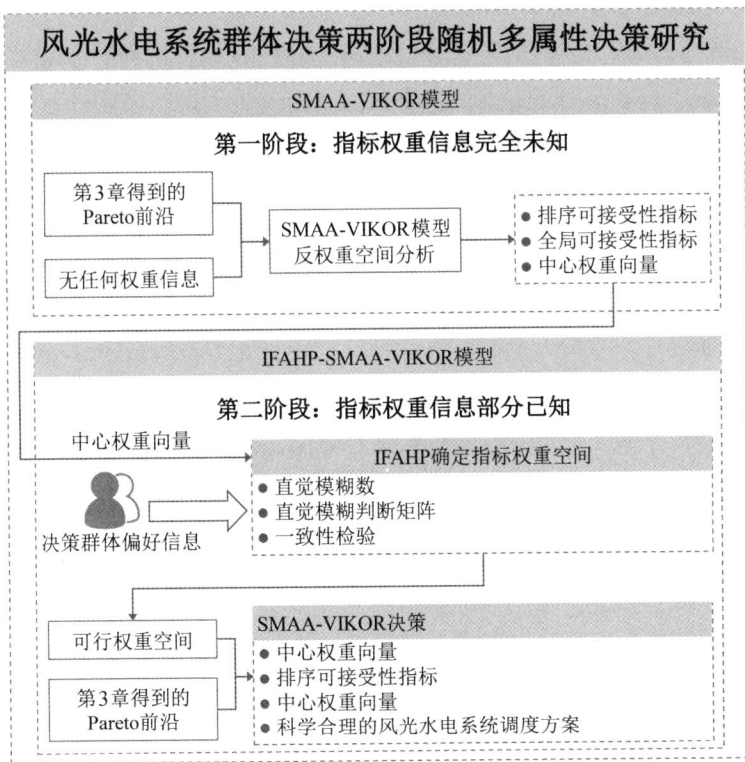

图 4.1　基于 IFAHP-SMAA-VIKOR 模型的随机多属性决策过程

为此，本章首先介绍 SMAA-2 和 VIKOR 模型，并介绍风光水电系统群体决策的第一阶段，提出 SMAA-VIKOR 模型来对各个完全未知的指标权重进行反权重空间分析，明晰指标权重空间；随着决策的进行，决策者不断学习新的知识，在决策过程中对于各个方案和指标的认识逐渐清晰，能够给出部分指标权重的信息。为此，提出 IFAHP 模型表达决策者的偏好，并介绍风光水电系统群体决策的第二阶段，建立 IFAHP-SMAA-VIKOR 模型辅助决策者科学决策。

4.2.1 SMAA-2 模型

Lahdelma 和 Salminen 于 2001 年提出了能够考虑权重信息和备选方案的不确定性的随机多属性决策模型（SMAA-2）[136]。SMAA-2 通过决策模型对指标权重进行反权重空间分析，计算每个备选方案成为最优方案的概率，克服了传统确定型决策模型不适用于权重信息未知的多属性决策问题。

假定需要决策的问题由 M 个方案 $A = \{A_m \mid m = 1, 2, \ldots, M\}$ 和 N 个属性 $C = \{C_n \mid n = 1, 2, \ldots, N\}$ 构成，其中 A_m 表示第 m 个方案，C_n 表示第 n 个属性。属性权重可以表示为 $W = \{w_n \mid n = 1, 2, \ldots, N\}$，$w_n$ 表示属性 C_n 的权重，满足 $0 \leqslant w_n \leqslant 1$ 且 $\sum_{n=1}^{N} w_n = 1$，指标评价矩阵为 $X = [x_{mn}]_{M \times N}$，具体见下式：

$$X = (x_{mn})_{M \times N} = \begin{bmatrix} x_{11} & x_{12} & \cdots & x_{1N} \\ x_{21} & x_{22} & \cdots & x_{2N} \\ \vdots & \vdots & \ddots & \vdots \\ x_{M1} & x_{M2} & \cdots & x_{MN} \end{bmatrix} \tag{4.1}$$

随机多属性决策的不确定来源于指标评价值和指标权重两个方面。一般来说，指标评价值的不确定性来自于随机优化结果的不确定性。指标权重反映了指标自身的重要性程度和决策者主观偏好性两个方面的信息，这也是指标权重的不确定性来源。指标评价值和指标权重的不确定性均可以采用相应的概率密度函数来描述。因此，上式的指标评价值可以用服从概率密度函数 $f_X(\xi)$ 的随机变量 ξ_{mn} 来描述，见下式：

$$X = (\xi_{mn})_{M \times N} = \begin{bmatrix} \xi_{11} & \xi_{12} & \cdots & \xi_{1N} \\ \xi_{21} & \xi_{22} & \cdots & \xi_{2N} \\ \vdots & \vdots & \ddots & \vdots \\ \xi_{M1} & \xi_{M2} & \cdots & \xi_{MN} \end{bmatrix} \tag{4.2}$$

式中，ξ_{mn} 为第 m 个方案第 n 个属性的指标评价值。

在随机多属性决策过程中，指标权重空间 W 可以采用概率密度函数 $f_W(w)$ 来表示，通常有四种可能性，分别是指标权重值唯一确定[140]、指标权重值在指定区间服从均匀分布[141]、指标权重值在指定区间服从任意类型的分布[87]和指标权重信息完全未知[136]。

1. 指标权重值唯一确定

可行权重空间代表了决策者的偏好，当指标权重是确定性的数值时，可行权重空间将被唯一确定。本节以三维空间为例，可行权重空间为三维空间内的一点 $W(w_1, w_2, w_3)$，其中 w_1、w_2 和 w_3 分别表示指标权重，具体如图 4.2 所示。

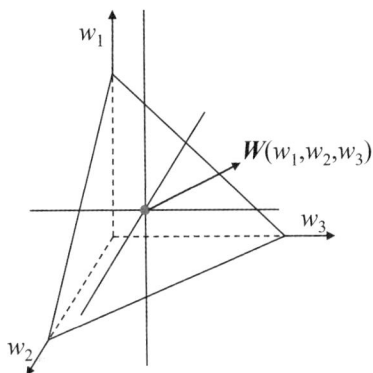

图 4.2　确定性的指标权重

2. 指标权重值在指定区间服从均匀分布

在多属性决策中，由于指标的复杂性和人们主观偏好的不确定性，可能使得决策者在面对不完备和不确定的信息条件下，使其在决策过程中难以达成一致的权重认识，此时如果采用单纯确定的数值信息来表达相应的权重，可能不能涵盖指标自身的信息和决策者的主观偏好，而基于权重的区间估计能够很好的表达这种信息，避免了相应的信息缺失。本节以三维空间决策为例，指定指标权重服从权重区间上的均匀分布，如图 4.3 所示的六边形平面，具体公式如下式所示：

$$W = \left\{ w \in \mathbb{R}^3 : w_n \geqslant 0, w_n^{min} \leqslant w_n \leqslant w_n^{max}, \sum_{n=1}^{3} w_n = 1 \right\} \qquad (4.3)$$

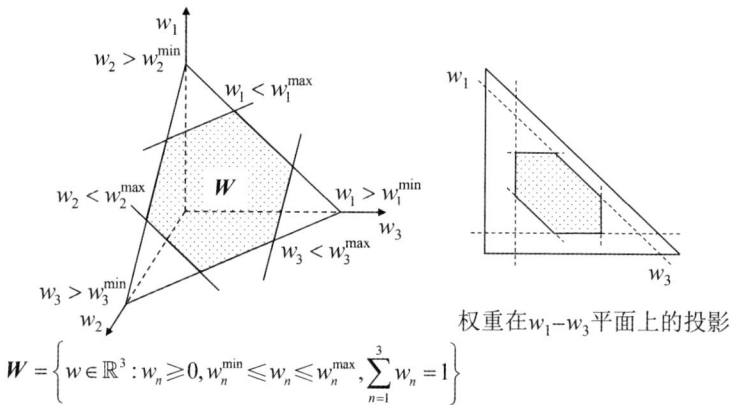

权重在 $w_1 - w_3$ 平面上的投影

$$W = \left\{ w \in \mathbb{R}^3 : w_n \geqslant 0, w_n^{min} \leqslant w_n \leqslant w_n^{max}, \sum_{n=1}^{3} w_n = 1 \right\}$$

图 4.3　指标权重值在指定区间服从均匀分布

3. 指标权重值在指定区间服从任意类型的分布

除了上述指标权重值在指定区间服从均匀分布，指标权重值还可以用更为通用的形式描述，即指标权重值在指定区间服从任意类型的分布。本节以三维决策空间为例，将指标权重空间描述成如图 4.4 所示的阴影部分，具体公式见下式：

$$W = \left\{ w \in \mathbb{R}^3 : w_n \geqslant 0, w_n = f_n(\bullet), \sum_{n=1}^{3} w_n = 1 \right\} \qquad (4.4)$$

4. 指标权重信息完全未知

在多属性决策初期，决策者可能受到自身知识和决策环境等多种因素相互交织的影响，在初期很难准确给出指标的相应权重信息。本节提出的决策模型可以适应在决策初期决策者不能给出任何偏好信息情况下，通过反权重分析的思路[136]搜索整个决策空间的可行域，从而给决策者提供一个相应的参考。本节以三维决策空间为例，将指标权重空间描述成如图 4.5 所示的三角形区域，具体公式见下式：

$$W = \left\{ w \in \mathbb{R}^3 : w_n \geqslant 0, \sum_{n=1}^{3} w_n = 1 \right\} \tag{4.5}$$

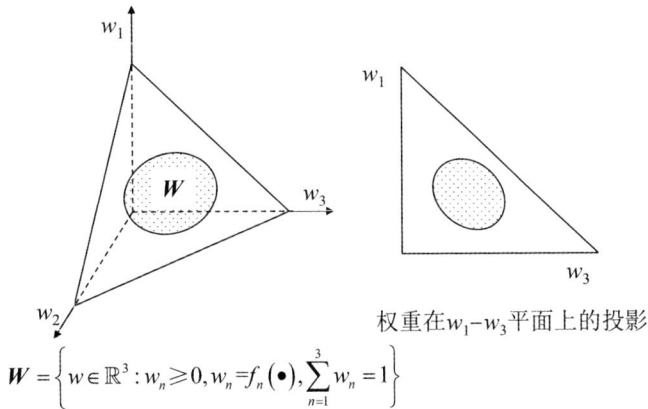

$$W = \left\{ w \in \mathbb{R}^3 : w_n \geqslant 0, w_n = f_n(\bullet), \sum_{n=1}^{3} w_n = 1 \right\}$$

权重在 w_1-w_3 平面上的投影

图 4.4 指标权重值在指定区间服从任意类型的分布

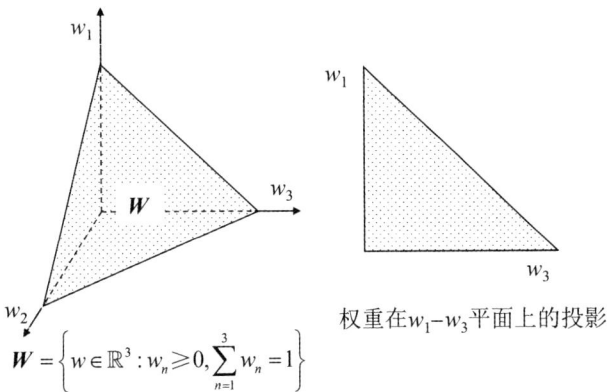

$$W = \left\{ w \in \mathbb{R}^3 : w_n \geqslant 0, \sum_{n=1}^{3} w_n = 1 \right\}$$

权重在 w_1-w_3 平面上的投影

图 4.5 指标权重信息完全未知

已知指标评价的概率密度函数 $f_X(\xi)$ 和指标权重概率密度函数 $f_W(w)$，进一步，SMAA-2 通过式（4.6）的线性效用函数对每个属性的效用值进行加权求和得到每个方案的综合效用 $u_m = u(x_m, w)$，随后通过其加权值 u_m 计算各方案的优劣排序，并从中选出满足决策要求的均衡方案：

$$u_m = u(x_m, w) = \sum_{n=1}^{N} w_n \times x_{mn} \tag{4.6}$$

式中，可以采用随机变量 ξ_{mn} 代替常量 x_{mn} 反应指标值的不确定性，则式（4.6）变为 $u_m = u(\xi_m, w) = \sum_{n=1}^{N} w_n \times \xi_{mn}$。

定义方案排名函数 $rank(\xi_m, w)$，具体如下式所示：

$$rank(\xi_m, w) = 1 + \sum_k \rho(u(\xi_k, w) > u(\xi_m, w)) \tag{4.7}$$

式中，方案排名函数 $rank(\xi_m, w)$ 取值范围为 $[1, M]$，$\rho[true]$ 和 $\rho[false]$ 分别为 1 和 0。

进一步，定义排名倾向权重 $W_m^r(\xi)$，对任意的 $w \in W_m^r(\xi)$，SMAA-2 将方案 A_m 获得排序为 $r(r = 1, 2, ..., M)$ 的空间定义为排名倾向权重 $W_m^r(\xi)$，具体如下式所示：

$$W_m^r(\xi) = \{w \in W : rank(\xi_m, w) = r\} \tag{4.8}$$

定义排名可接受度指标 b_m^r，它是排名倾向权重的期望值，且是在属性值空间和权重向量空间上的一个二重积分，表示备选方案 x_m 排名第 r 名的可接受度，也可以看作是备选方案 x_m 排名第 r 名的概率：

$$b_m^r = \int_X f(\xi) \int_{W_m^r(\xi)} f_W(w) \mathrm{d}w \mathrm{d}\xi \tag{4.9}$$

定义全局可接受程度 a_m^h，它是对备选方案 A_m 获得所有排序 b_m^r 的综合，从整体上描述了方案的总体可接受水平：

$$a_m^h = \sum_r \alpha_r b_m^r \tag{4.10}$$

式中，指标 a_m^h 的取值范围是 $[0, 1]$，α_r 为二级权重，表示备选方案 A_m 的某个排序

r 对于指标 a_m^h 的贡献度，常见的二级权重有线性权重 $\alpha_r = \dfrac{m-r}{m-1}$、倒数权重 $\alpha_r = \dfrac{1}{r}$

和重心权重 $\alpha_r = \left(\displaystyle\sum_{i=r}^{m} \dfrac{1}{i} \right) \Big/ \left(\displaystyle\sum_{i=1}^{m} \dfrac{1}{i} \right)$，其中权重 r 越小，相应的二级权重越大，表明

越看重排名靠前时的可接受度。图 4.6 描述了上述三种不同的二级权重（以方案个数 10 为例），从图 4.6 可以看出三种二级权重对于排序靠前的方案都赋予了较高的权重，但是相比于倒数权重和重心权重，线性权重赋予排序居中的方案更大的权重。和重心权重相比，倒数权重在排序靠后的方案的权重分布更加的均匀。因此，相比于重心权重，倒数权重进行聚合时对于排序靠后的方案更不敏感。同时，Barron 等人也指出，在多属性决策二级权重归一化时，相较于其他基于排序的权重形式，重心权重包含了其他形式权重和排序的有效信息，使用重心权重作为二级权重更为准确和有效[142]。因此，本节在风光水电系统多属性决策时，选用重心权重作为二级权重。

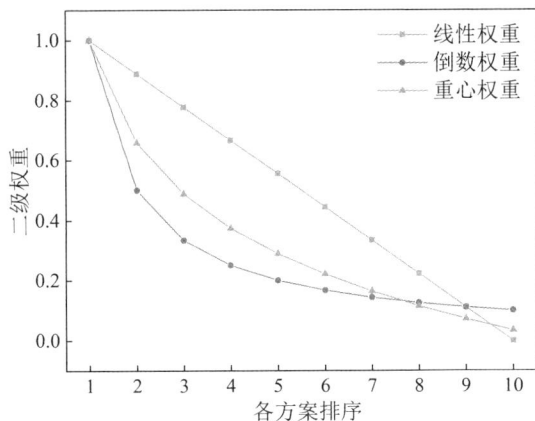

图 4.6 二级权重示意图

中心权重向量 cw_m^k 是备选方案 A_m 获得排名 r 所对应的权重集合的中心，可通过评价指标和指标权重的概率密度函数进行二重积分获得，具体见下式：

$$cw_m^k = \frac{\int\limits_X f_X(\xi)\sum\limits_{r=1}^{M}\int\limits_{W_m^r(\xi)} f_W(w)w\mathrm{d}w\mathrm{d}\xi}{b_m^k} \qquad (4.11)$$

由式（4.11）可知，当 $k=1$ 时，中心权重向量 cw_m^1 是备选方案 A_m 获得最优排名权重空间的中心，因此中心权重向量 cw_m^1 反映了决策者对于备选方案 A_m 的偏好信息。

置信因子 p_m^k 是选定备选方案 A_m 获得排名 r 的中心权重向量时，该备选方案获得排名为 $1,2,\ldots,r$ 的概率，具体见下式：

$$p_m^k = \int\limits_{\xi:rank(\xi_m,w_i^k)\leqslant k} f_X(\xi)\mathrm{d}\xi \qquad (4.12)$$

由式（4.12）可知，当 $k=1$ 时，置信因子 p_m^1 为备选方案 A_m 获得最优排名时其指标空间占总指标空间的比例。

4.2.2 VIKOR 模型

Opricovic 于 1998 年提出了 VIKOR 模型，该模型是一种折衷排序的多属性决策方法，它首先通过确定一组正理想方案和负理想方案，随后计算备选方案与正理想方案和负理想方案之间的距离，并基于最大化群体效益和最小化个体遗憾对备选方案进行折中排序[137]。VIKOR 模型和 TOPSIS 模型均是接近理想方案的折衷排序方法[143]，TOPSIS 模型是基于备选方案离正理想方案最近和离负理想方案最远进行折衷排序，可能会导致逆序结果[144]，而 VIKOR 模型不需考虑最接近的方案需要离理想点最近且离负理想点最远这一问题，很好地避免了逆序问题的产生[143]。具体步骤如下。

（1）由于决策过程中不同指标体系之间的量纲和数量级可能不一样，可能导致数据不具有可比性，使用向量标准化公式对决策矩阵 $\boldsymbol{X}=(x_{mn})_{M\times N}$ 进行标准化，得到标准化后的决策矩阵 $\boldsymbol{R}=(r_{mn})_{M\times N}$，具体见下式：

$$r_{mn} = \frac{x_{mn}}{\sqrt{\sum_{m=1}^{M} x_{mn}^2}} \quad\quad (4.13)$$

（2）确定正理想点 $\boldsymbol{R}^+ = [r_1^+, r_2^+, ..., r_N^+]$ 和负理想点 $\boldsymbol{R}^- = [r_1^-, r_2^-, ..., r_N^-]$，具体公式分别见下面两式：

$$r_n^+ = \left\{ \left(\max_{1 \leq m \leq M} (r_{mn}) \Big| r_n \in I_1 \right), \left(\min_{1 \leq m \leq M} (r_{mn}) \Big| r_n \in I_2 \right) \Big| m = 1, 2, ..., M \right\} \quad (4.14)$$

$$r_n^- = \left\{ \left(\min_{1 \leq m \leq M} (r_{mn}) \Big| r_n \in I_1 \right), \left(\max_{1 \leq m \leq M} (r_{mn}) \Big| r_n \in I_2 \right) \Big| m = 1, 2, ..., M \right\} \quad (4.15)$$

式中，I_1 是效益型指标集，I_2 是成本型指标集。

（3）计算备选方案 m 的群体效益 S_m 和个体遗憾度 R_m，具体公式分别见下面两式：

$$S_m = \sum_{n=1}^{N} w_n \left(\frac{r_n^+ - r_{mn}}{r_n^+ - r_n^-} \right) \quad\quad (4.16)$$

$$R_m = \max_{1 \leq n \leq N} \left\{ w_n \left(\frac{r_n^+ - r_{mn}}{r_n^+ - r_n^-} \right) \right\} \quad\quad (4.17)$$

（4）计算备选方案 m 的综合效益 Q_m 见下式：

$$Q_m = v \frac{S_m - \boldsymbol{S}^-}{\boldsymbol{S}^+ - \boldsymbol{S}^-} + (1-v) \frac{R_m - \boldsymbol{R}^-}{\boldsymbol{R}^+ - \boldsymbol{R}^-} \quad\quad (4.18)$$

式中，$\boldsymbol{S}^+ = \max\limits_{1 \leq m \leq M} \{S_m\}$，$\boldsymbol{S}^- = \min\limits_{1 \leq m \leq M} \{S_m\}$，$\boldsymbol{R}^+ = \max\limits_{1 \leq m \leq n} \{R_i\}$，$\boldsymbol{R}^- = \min\limits_{1 \leq i \leq n} \{R_i\}$，

$0 \leq v \leq 1$，v 是群体效益的权重，$1-v$ 是个体遗憾度的权重，$v > 0.5$ 指的是根据大多数决策者意见制定决策，$v < 0.5$ 指的是根据拒绝的情况进行制定决策，$v = 0.5$ 表明群体效益和个体遗憾度一样重要，本节 v 取 0.5。

（5）对备选方案进行排序。

1）对备选方案 i 的群体效益 S_i、个体遗憾度 R_i 和综合效益 Q_i 进行排序，数值越小越优。

2）条件一：可接受性优势。

$Q(A'') - Q(A') \geqslant DQ$，其中，方案 A'' 是 Q_i 按升序排名第二的方案，且 $DQ =$ $1/(m-1)$，m 是方案数。

3）条件二：决策可接受稳定性。

方案 A' 必须满足按群体效益体 S 或个体遗憾度 R 进行排序也是排序第一的方案。

4）判定准则。

如果上述两个条件有一个不满足，则得到一个妥协解；

如果不满足条件二，则方案 A' 和方案 A'' 均为妥协解；

如果不满足条件一，则方案的排序为 $A', A'', ..., A^M$，其中方案 A^M 是由 $Q(A^M) - Q(A') < DQ$ 确定最大化的 M 值。

4.2.3 风光水电系统群体决策第一阶段

在原始的 SMAA-2 模型中采用的是线性效用函数来评估备选方案的效用值，由于风光水电系统中多目标问题具有不可公度性的特点，直接通过 SMAA-2 模型中的线性加和型效用函数进行决策可能不能得出较为公道的方案。但 SMAA-2 模型具有较好的可拓展性，易于与其他多属性决策方法耦合[145]。而 VIKOR 模型被广泛用于多属性决策领域，它通过计算各个备选方案的评价值与理想方案的接近程度，且避免了逆序问题的产生，被证明了具有较好的可操作性、便捷性和鲁棒性[143-144]。因此，本节尝试将在反权重空间分析的 SMAA-2 模型中引入 VIKOR 模型，提出了一种随机多属性决策方法，即 SMAA-VIKOR 模型。

SMAA-VIKOR 模型继承了 SMAA-2 模型具有反权重空间分析的特性，具体操作流程如下。

（1）对备选方案的决策矩阵进行标准化得到标准化决策矩阵 $\boldsymbol{R} = (r_{ij})_{m \times n}$。

（2）确定可行权重空间 W 的分布，并基于其概率密度函数 $f_W(w)$ 进行拉丁超立方抽样，随机生成可行权重 w。

（3）调用 4.2.2 节中的 VIKOR 模型，并计算得到各个方案相应排名。

（4）判断是否满足迭代次数。若满足，则进行下一步；若不满足，则返回步骤（2）。

（5）基于循环过程中得到备选方案的排名，计算排序可接受性指标 b_i^r 和全局可接受性指 a_i^h 标和中心权重向量 w_i^c 等指标。

4.2.4 风光水电系统群体决策第二阶段

在风光水电多属性决策过程中，需要决策者根据固有的经验给出准确的偏好信息，但由于风光水电系统的复杂性以及决策者自身知识有限性，往往不能直接给出准确的偏好信息[146]。Zadeh 提出的模糊集理论能够克服由于信息不完备等因素从而影响决策者作出正确决策的问题，并充分考虑了决策者主观的在决策过程中由于系统复杂性和自身知识受限导致的模糊心理[147]。Atanassov 随后将 Zadeh 提出的模糊集理论扩展成了直觉模糊集理论（Intuitionistic Fuzzy Set，IFS），该理论在传统的模糊集理论的隶属度和非隶属度基础上增加了犹豫度，可以满足决策者在未完全掌握决策信息下表达自己介于支持和反对之间的偏好，即犹豫度[148]。Xu 和 Liao 基于直觉模糊集理论和层次分析法，提出了可以集成专家信息的直觉模糊层次分析法（Intuitionistic Fuzzy Analytic Hierarchy Process，IFAHP）[138]。基于此，本节耦合 IFAHP 和 4.2.3 节提出的 SMAA-VIKOR 模型，提出了一种可以充分考虑决策者支持、反对和犹豫偏好的随机多属性决策模型，即 IFAHP-SMAA-VIKOR 模型。

定义 X 为一个非空集合，$A = \left\{ (x, \mu_A(x), \upsilon_A(x)) \middle| x \in X \right\}$ 为直觉模糊集，其中 $\mu_A(x)$ 和 $\upsilon_A(X)$ 分别为隶属度函数和非隶属度函数，且函数 $\mu_A : E \to [0,1]$ 和

$\upsilon_A : E \to [0,1]$，且：

$$\forall x \in \boldsymbol{X}, \ 0 \leqslant \mu_A(\boldsymbol{X}) + \upsilon_A(\boldsymbol{X}) \leqslant 1 \tag{4.19}$$

$$\pi_A(x) = 1 - \mu_A(x) - \upsilon_A(x) \tag{4.20}$$

式中，$\pi_A(x)$ 为犹豫度函数，对于 $\forall x \in \boldsymbol{X}$，当 $\pi_A(x) = 0$ 时，直觉模糊集 $\boldsymbol{A}$ 转为模糊集。

定义 $\alpha = (\mu_\alpha, \upsilon_\alpha, \pi_\alpha)$ 为直觉模糊数（Intuitionistic Fuzzy Value，IFV），且 $\mu_\alpha \in [0,1]$，$\upsilon_\alpha \in [0,1]$，$\pi_\alpha \in [0,1]$ 和 $\mu_\alpha + \upsilon_\alpha \leqslant 1$。

本节使用直觉模糊层次分析法获取决策者的指标权重信息，并计算相应的指标权重值，具体步骤如下。

1. 建立直觉判断矩阵

指标评价等级与直觉模糊数对应表如表 4.1 所示[149]，决策者对各个指标的重要性程度进行两两比较，建立直觉模糊判断矩阵 $\boldsymbol{R} = (r_{ij})_{N \times N}$，其中 $r_{ij} = \langle (x_i, x_j), \mu(x_i, x_j), \upsilon(x_i, x_j) \rangle (i, j = 1, 2, \dots, N)$，可以简化为 $r_{ij} = (\mu_{ij}, \upsilon_{ij})$，简化后的直觉模糊判断矩阵 $\boldsymbol{R} = (r_{ij})_{N \times N}$ 需满足以下条件：

$$\mu_{ij}, \upsilon_{ij} \in [0,1], \ \mu_{ij} + \upsilon_{ij} \leqslant 1, \ \mu_{ij} = \upsilon_{ji}, \ \mu_{ji} = \upsilon_{ij}$$
$$\mu_{ii} = \upsilon_{ii} = 0.5, \ \pi_{ij} = 1 - \mu_{ij} - \upsilon_{ij}, \ i,j = 1,2,\dots,N \tag{4.21}$$

式中，μ_{ij} 为决策者在对指标 i 和 j 比较时对指标 i 的偏好程度，υ_{ij} 为决策者在对指标 i 和 j 比较时对指标 j 的偏好程度，π_{ij} 为决策者在对指标 i 和 j 比较时犹豫的程度。

表 4.1　指标评价等级与直觉模糊数对应表

评价等级	直觉模糊数
指标 i 比指标 j 极端重要	(0.90,0.10,0.00)
指标 i 比指标 j 重要得多	(0.80,0.15,0.05)
指标 i 比指标 j 明显重要	(0.70,0.20,0.10)
指标 i 比指标 j 稍微重要	(0.60,0.25,0.15)
指标 i 比指标 j 同等重要	(0.50,0.30,0.20)

续表

评价等级	直觉模糊数
指标 j 比指标 i 稍微重要	(0.40,0.45,0.15)
指标 j 比指标 i 明显重要	(0.30,0.60,0.10)
指标 j 比指标 i 重要得多	(0.20,0.75,0.05)
指标 j 比指标 i 极端重要	(0.10,0.90,0.00)

2. 一致性检验

IFAHP 在将决策者的模糊偏好转为合理的权重向量时，需要对直觉模糊判断矩阵进行一致性检验。定义 $\overline{\boldsymbol{R}} = (\overline{r}_{ij})_{N \times N}$ 为积型一致性直觉模糊判断矩阵，其中当 $j > i+1$ 时，需要满足下面两式：

$$\overline{\mu}_{ij} = \frac{\sqrt[j-i-1]{\prod_{t=i+1}^{j-1} \mu_{it}\mu_{tj}}}{\sqrt[j-i-1]{\prod_{t=i+1}^{j-1} \mu_{it}\mu_{tj}} + \sqrt[j-i-1]{\prod_{t=i+1}^{j-1}(1-\mu_{it})(1-\mu_{tj})}}, \quad j > i+1 \qquad (4.22)$$

$$\overline{\upsilon}_{ij} = \frac{\sqrt[j-i-1]{\prod_{t=i+1}^{j-1} \upsilon_{it}\upsilon_{tj}}}{\sqrt[j-i-1]{\prod_{t=i+1}^{j-1} \upsilon_{it}\upsilon_{tj}} + \sqrt[j-i-1]{\prod_{t=i+1}^{j-1}(1-\upsilon_{it})(1-\upsilon_{tj})}}, \quad j > i+1 \qquad (4.23)$$

当 $j < i$ 时，有 $\overline{r}_{ij} = (\overline{\upsilon}_{ji}, \overline{\mu}_{ji})$；当 $j = i$ 或 $j = i+1$ 时，有 $\overline{r}_{ij} = r_{ij}$。定义 $d(\overline{\boldsymbol{R}}, \boldsymbol{R})$ 为直觉模糊判断矩阵 $\boldsymbol{R} = (r_{ij})_{N \times N}$ 和其积型一致性直觉模糊判断矩阵 $\overline{\boldsymbol{R}} = (\overline{r}_{ij})_{N \times N}$ 的距离测度，见下式：

$$d(\overline{\boldsymbol{R}}, \boldsymbol{R}) = \frac{1}{2(N-1)(N-2)} \sum_{i=1}^{N} \sum_{j=1}^{N} \left(\left| \overline{\mu}_{ij} - \mu_{ij} \right| + \left| \overline{\upsilon}_{ij} - \upsilon_{ij} \right| + \left| \overline{\pi}_{ij} - \pi_{ij} \right| \right) \qquad (4.24)$$

当 $d(\overline{\boldsymbol{R}}, \boldsymbol{R}) < \tau$，则认为直觉模糊判断矩阵 $\boldsymbol{R} = (r_{ij})_{N \times N}$ 通过一致性检验，τ 为一致性检验的阈值，通常取 0.1[150]。当 $d(\overline{\boldsymbol{R}}, \boldsymbol{R}) \geqslant \tau$ 时，则认为直觉模糊判断矩阵 $\overline{\boldsymbol{R}} = (\overline{r}_{ij})_{N \times N}$ 无法代表决策者的初始偏好，不满足一致性的要求。此时，需要修改直觉模糊判断矩阵使其满足一致性的要求且尽可能保留决策者的偏好信息。因此，将初始的直觉模糊判断矩阵 $\boldsymbol{R} = (r_{ij})_{N \times N}$ 与其相对应的积型直觉偏好矩阵 $\overline{\boldsymbol{R}} = (\overline{r}_{ij})_{N \times N}$ 融合成一个新的直觉模糊偏好矩阵 $\widetilde{\boldsymbol{R}} = (\tilde{r}_{ij})_{N \times N}$，其中相应的要素修改为：

$$\tilde{\mu}_{ij} = \frac{(\mu_{ij})^{1-\sigma}(\mu_{ij})^{\sigma}}{(\mu_{ij})^{1-\sigma}(\mu_{ij})^{\sigma} + (1-\mu_{ij})^{1-\sigma}(1-\mu_{ij})^{\sigma}}, \quad i,j=1,2,\ldots,N \qquad (4.25)$$

$$\tilde{\upsilon}_{ij} = \frac{(\upsilon_{ij})^{1-\sigma}(\upsilon_{ij})^{\sigma}}{(\upsilon_{ij})^{1-\sigma}(\upsilon_{ij})^{\sigma} + (1-\upsilon_{ij})^{1-\sigma}(1-\upsilon_{ij})^{\sigma}}, \quad i,j=1,2,\ldots,N \qquad (4.26)$$

式中，σ 是矩阵 $\boldsymbol{R}=(r_{ij})_{N\times N}$ 和矩阵 $\widetilde{\boldsymbol{R}}=(\tilde{r}_{ij})_{N\times N}$ 相似性控制参数，在某种程度上也代表了决策者的偏好信息。当 σ 取值越小时，矩阵 $\widetilde{\boldsymbol{R}}=(\tilde{r}_{ij})_{N\times N}$ 和 $\boldsymbol{R}=(r_{ij})_{N\times N}$ 越相似；当 $\sigma=0$ 时，$\widetilde{\boldsymbol{R}}=\boldsymbol{R}$；当 $\sigma=1$ 时，$\widetilde{\boldsymbol{R}}=\overline{\boldsymbol{R}}$。因此，新的直觉模糊偏好矩阵 $\widetilde{\boldsymbol{R}}=(\tilde{r}_{ij})_{N\times N}$ 不仅包含了初始直觉模糊偏好矩阵 $\boldsymbol{R}=(r_{ij})_{N\times N}$ 的偏好信息，同时其也包含了与其相对应的积型直觉模糊偏好矩阵 $\overline{\boldsymbol{R}}=(\overline{r}_{ij})_{N\times N}$ 的偏好信息。

具体执行步骤如下所示。

（1）假设 p 为迭代次数算子，当 $p=1$ 时，通过矩阵 $\boldsymbol{R}^{(p)}$ 构造一致的积型直觉偏好矩阵 $\overline{\boldsymbol{R}}$。

（2）计算矩阵 $\overline{\boldsymbol{R}}$ 和矩阵 $\boldsymbol{R}^{(p)}$ 的距离测度 $d(\overline{\boldsymbol{R}},\boldsymbol{R}^{(p)})$，如下式所示：

$$d(\overline{\boldsymbol{R}},\boldsymbol{R}^{(p)}) = \frac{1}{2(N-1)(N-2)}\sum_{i=1}^{N}\sum_{j=1}^{N}\left(\left|\overline{\mu}_{ij}-\mu_{ij}^{(p)}\right| + \left|\overline{\upsilon}_{ij}-\upsilon_{ij}^{(p)}\right| + \left|\overline{\pi}_{ij}-\pi_{ij}^{(p)}\right|\right) \quad (4.27)$$

如果 $d(\overline{\boldsymbol{R}},\boldsymbol{R}^{(p)}) < \tau$，则输出矩阵 $\boldsymbol{R}^{(p)}$；否则，转步骤（3）。

（3）构建融合直觉偏好矩阵 $\widetilde{\boldsymbol{R}}^{(p)}=(\tilde{r}_{ij}^{(p)})_{N\times N}$，其中 $(\tilde{r}_{ij}^{(p)})_{N\times N}=(\tilde{\mu}_{ij}^{(p)},\tilde{\upsilon}_{ij}^{(p)})$ 的具体构造方式如下面两式所示：

$$\tilde{\mu}_{ij}^{(p)} = \frac{(\mu_{ij}^{(p)})^{1-\sigma}(\overline{\mu}_{ij})^{\sigma}}{(\mu_{ij}^{(p)})^{1-\sigma}(\overline{\mu}_{ij})^{\sigma} + (1-\mu_{ij}^{(p)})^{1-\sigma}(1-\overline{\mu}_{ij})^{\sigma}}, \quad i,j=1,2,\ldots,N \qquad (4.28)$$

$$\tilde{\upsilon}_{ij}^{(p)} = \frac{(\upsilon_{ij}^{(p)})^{1-\sigma}(\overline{\upsilon}_{ij})^{\sigma}}{(\upsilon_{ij}^{(p)})^{1-\sigma}(\overline{\upsilon}_{ij})^{\sigma} + (1-\upsilon_{ij}^{(p)})^{1-\sigma}(1-\overline{\upsilon}_{ij})^{\sigma}}, \quad i,j=1,2,\ldots,N \qquad (4.29)$$

式中，σ 是控制参数，由决策者根据实际情况决定，其取值范围为[0,1]，σ 值越小，矩阵 $\widetilde{\boldsymbol{R}}^{(p)}$ 和矩阵 $\boldsymbol{R}^{(p)}$ 越相似。如果构造出来的矩阵 $\widetilde{\boldsymbol{R}}^{(p)}$ 未满足一致性要求，

则令 $p = p+1$，有 $\boldsymbol{R}^{(p+1)} = \widetilde{\boldsymbol{R}}^{(p)}, \mu_{ij}^{(p+1)} = \widetilde{\mu}_{ij}^{(p)}$ 和 $\upsilon_{ij}^{(p+1)} = \widetilde{\upsilon}_{ij}^{(p)}$，直到构造出来的 $\widetilde{\boldsymbol{R}}^{(p)}$

满足一致性要求为止。

3. 确定指标权重

当得到满足一致性的直觉模糊矩阵 $\boldsymbol{R} = (r_{ij})_{N \times N}$ 后，可以通过下式计算权重

$\boldsymbol{W} = [w_1, w_2, \ldots, w_N]$：

$$w_i = \left(\frac{\sum\limits_{j=1}^{N} \mu_{ij}}{\sum\limits_{i=1}^{N} \sum\limits_{j=1}^{N} (1 - \upsilon_{ij})}, 1 - \frac{\sum\limits_{j=1}^{N} (1 - \upsilon_{ij})}{\sum\limits_{i=1}^{N} \sum\limits_{j=1}^{N} \mu_{ij}} \right), \quad i = 1, 2, \ldots, N \tag{4.30}$$

通过下式的得分函数 $\rho(w_i)$ 将直觉模糊数转为实数：

$$\rho(w_i) = \frac{1 - \upsilon_i}{1 + \pi_i} \tag{4.31}$$

随后通过下式对得到的权重进行标准化：

$$\overline{w}_i = \frac{\rho(w_i)}{\sum\limits_{i=1}^{N} \rho(w_i)}, \quad i = 1, 2, \ldots, N \tag{4.32}$$

为了公平起见，本节认为不同决策者在决策时的权重向量具有同等的重要性，因此，可以将多个决策者得到的权重进行加权平均，如下式所示：

$$w = \frac{1}{num} \sum\limits_{i=1}^{num} \overline{w}_i \tag{4.33}$$

式中，*num* 是决策者的人数。

4.3 实 例 研 究

本章在第 3 章多目标优化后得到风光水电系统的非劣解集的基础上，通过在 3.4.3 节得到的 Pareto 前沿曲面上采用直接筛选法[151]均匀选出 12 个有代表性的决策方案，如图 4.7 所示。为了高效的对多属性决策模型进行求解，本章在 4.3.1 节

对比基于蒙特卡洛（Monte Carlo，MC）和拉丁超立方抽样对 SMAA-2 和
SMAA-VIKOR 模型进行抽样方法的优选；在 4.3.2 节对 SMAA-2 与 SMAA-VIKOR
模型进行对比，进行验证 VIKOR 模型作为决策模型的效用函数较简单线性加和
型效用函数的有效性；随后在 4.3.3 节将 VIKOR 与 SMAA-VIKOR 模型进行了对
比，来确定可以进行反权重空间分析的 SMAA-VIKOR 较确定型 VIKOR 模型的优
越性，并进行风光水电系统调度方案科学制定的第一阶段；考虑到在群决策过程
中决策者对于指标权重逐渐清晰，在 4.3.4 节提出 IFAHP-SMAA-VIKOR 模型用于
风光水电系统调度方案科学制定的第二阶段。

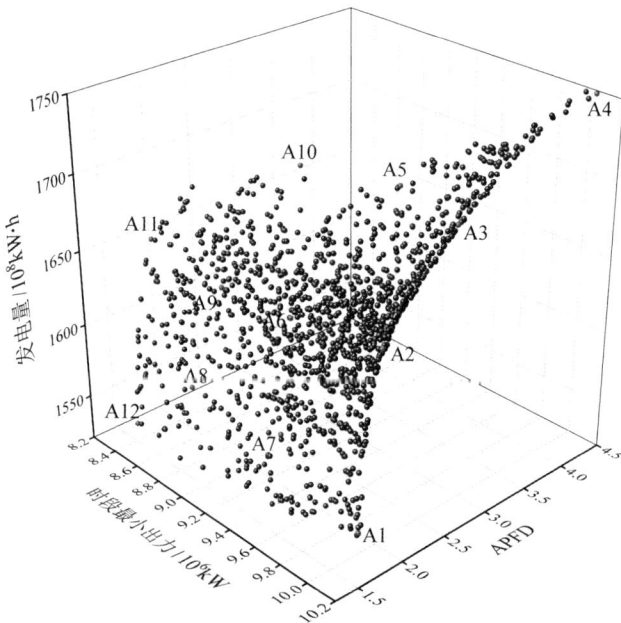

图 4.7　风光水电系统多属性决策方案

4.3.1　抽样方法优选

由 4.2.1 节可知，SMAA-2 模型中涉及较多的多重积分运算，并且其积分的维

度较高，若直接进行解析求解可能较为困难。原始的 SMAA-2 模型是通过蒙特卡洛抽样进行求解，可能出现已抽取过的样本被再次抽取，降低抽样效率。而拉丁超立方抽样是一种分层抽样方法，其抽样点分布在整个抽样区域内，可以避免抽取到已经出现的样本。为了对比两种抽样方法效率的差异，本节分别对 SMAA-2 模型［图 4.8（a）］和 SMAA-VIKOR 模型［图 4.8（b）］在两种抽样方法下进行了五组对比实验，每组的模拟次数分别为 100、500、1000、5000 和 10000。为了消除由于实验随机性带来的误差，每组实验独立重复计算 50 次。图 4.8（一）横坐标 MC-100 指的是 SMAA-2 模型在蒙特卡洛抽样情况下模拟次数为 100，以此类推，LHS-100 指的是 SMAA-2 模型在拉丁超立方抽样情况下模拟次数为 100。从图 4.8（一）可以看出，SMAA-2 模型在五组对比实验下，拉丁超立方抽样得到的全局可接受性指标分布范围均小于蒙特卡洛随机抽样。图 4.8（二）展示的 SMAA-VIKOR 模型在拉丁超立方抽样得到的全局可接受性指标分布范围也均小于蒙特卡洛抽样。这表明拉丁超立方抽样在求解 SMAA-2 和 SMAA-VIKOR 模型时均具有较好的稳定性。

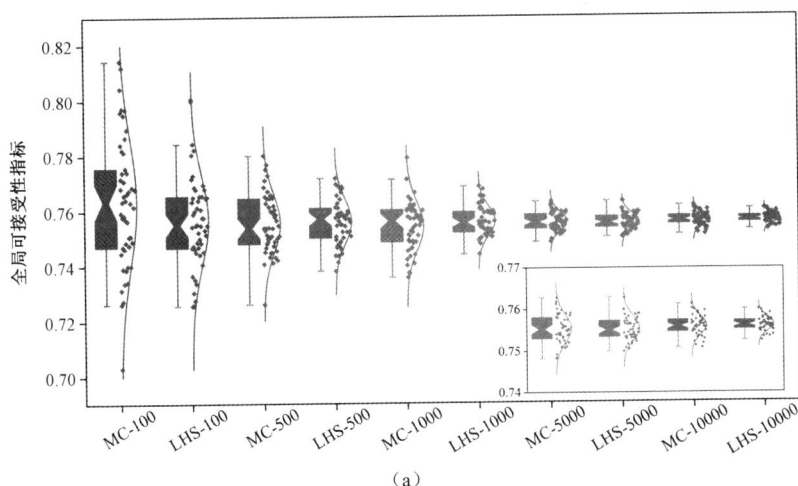

图 4.8（一）　基于蒙特卡洛（MC）和拉丁超立方（LHS）抽样方法的比较

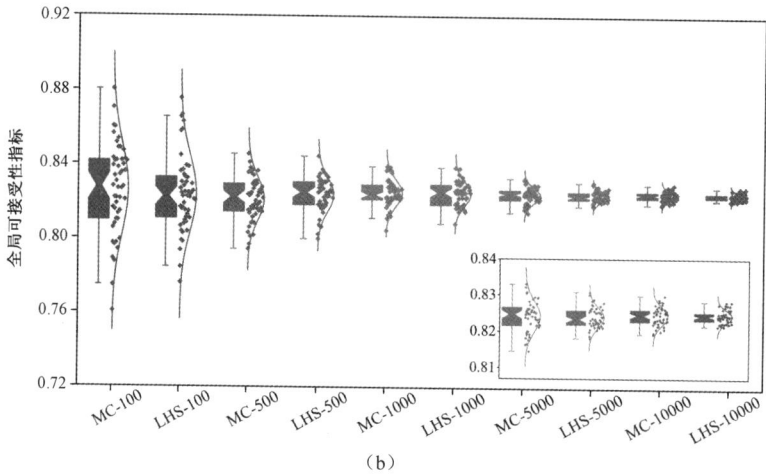

图 4.8（二）　基于蒙特卡洛（MC）和拉丁超立方（LHS）抽样方法的比较

4.3.2　效用函数的对比分析

为了验证改进效用函数的有效性，本节对比了 SMAA-2 和 SMAA-VIKOR 模型在无权重偏好信息改进方法的有效性。上述两个模型均采用拉丁超立方抽样进行求解，图 4.9 展示了基于 SMAA-2 模型［图 4.9（a）］和 SMAA-VIKOR 模型［图 4.9（b）］在权重信息未知的全局可接受性指标。从全局可接受性指标可以看出，基于 SMAA-2 和 SMAA-VIKOR 模型得到各个方案的总体排序相差不多，排序前两名的方案均为 A2 和 A3，排序最后一名的方案均为 A12。

图 4.10 进一步展示了 SMAA-2 模型［图 4.10（a）］和 SMAA-VIKOR 模型［图 4.10（b）］得到的排序可接受性指标。从图中可以看出，两个模型均得出方案 2 排序第一概率最大，且 SMAA-VIKOR 模型得到方案 2 排序第一的概率为 0.69，大于 SMAA-2 模型得到方案 2 排序第一的概率 0.46。同时，基于 SMAA-VIKOR 模型得到的各个方案的排序较 SMAA-2 模型更为集中，能够更有效地降低权重不确定性对随机决策结果的影响，从而获得更为明显的概率排序结果，为决策者提供了更为明确的信息。

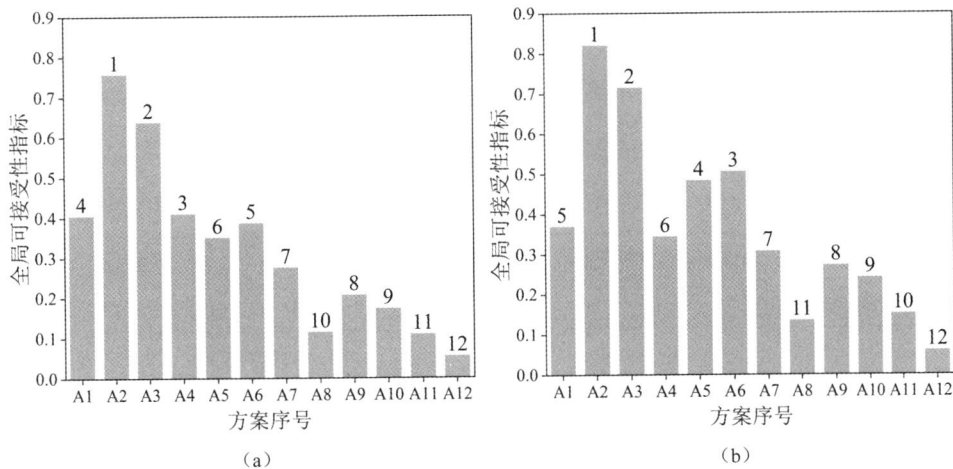

图 4.9　SMAA-2 和 SMAA-VIKOR 模型在权重信息未知的全局可接受性指标

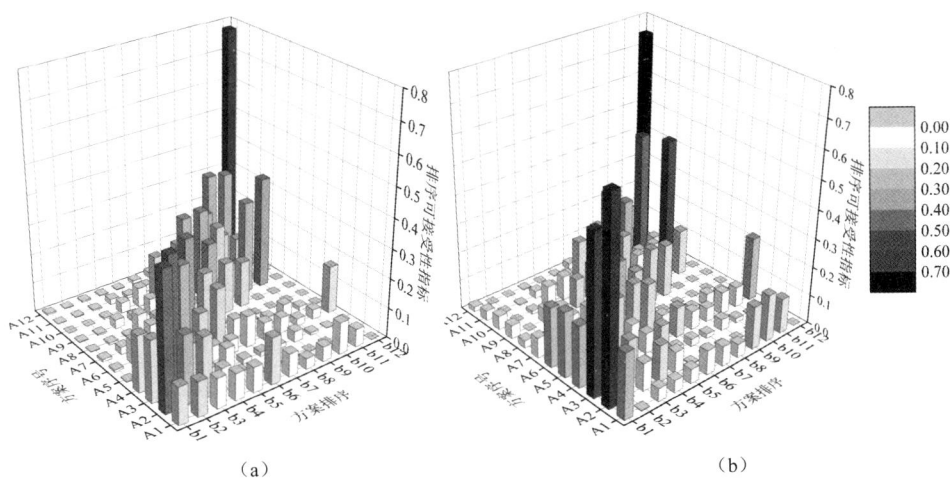

图 4.10　SMAA-2 和 SMAA-VIKOR 模型在权重信息未知的排序可接受性指标

4.3.3　风光水电系统群体决策第一阶段分析

风险型群体决策过程通常可以分为以下两个阶段：第一阶段指标权重信息较为模糊，或完全未知；随着决策的进行，决策的第二阶段表现为指标权重信息逐渐明晰[55]。本节展示风光水电系统群体决策第一阶段，并将随机型 SMAA-VIKOR

模型在与确定型 VIKOR 模型进行了对比,进一步验证 SMAA-VIKOR 模型在的优越性。由于确定型 VIKOR 模型在进行多属性决策时必须得输入指标权重信息,因此本节对三个指标给出相应的确定性权重信息,如表 4.2 所示。

表 4.2　三个指标的确定性权重信息

指标名称	发电量	时段最小出力	APFD
指标权重	0.26	0.36	0.38

将表 4.2 的指标权重信息输入 4.2.2 节提出的确定型 VIKOR 模型进行决策,可以得到综合指标 Q。各方案在确定型 VIKOR 模型下综合指标和其相应排序如表 4.3 所示,各方案的综合排序结构为 A2≻A6≻A3≻A5≻A7≻A1≻A9≻A10≻A8≻A4≻A11≻A12。

表 4.3　各方案在确定型 VIKOR 模型下综合指标和其相应排序

方案序号	A1	A2	A3	A4	A5	A6	A7	A8	A9	A10	A11	A12
综合指标 Q	0.38	0.00	0.20	0.71	0.31	0.15	0.36	0.61	0.46	0.52	0.79	0.93
排序	6	1	3	10	4	2	5	9	7	8	11	12

由于在决策初期决策者可获取信息较少,此时可认为权重信息完全未知,因此利用 4.2.3 节提出的 SMAA-VIKOR 模型,采用拉丁超立方抽样方法并通过反权重空间分析,可以得到各个方案的全局可接受性指标,如图 4.11 所示。由图 4.11 可知,基于 SMAA-VIKOR 模型得到的各方案的排序为 A2≻A3≻

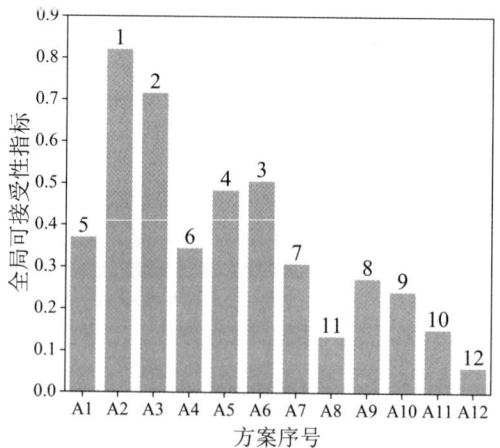

图 4.11　SMAA-VIKOR 模型在权重信息未知的全局可接受性指标

A6≻A5≻A1≻A4≻A7≻A9≻A10≻A11≻A8≻A12，与确定型的 VIKOR 模型排序较为一致。

图 4.12 进一步展示了基于 SMAA-VIKOR 模型得到的各方案排序可接受性指标。由图 4.12 可知，每个方案均有一定概率得到不同排序，且每个排序的概率不尽相等，方案 A2 获得排序第一的概率最高，为 0.69，但是方案 A2 也有一定的概率获得其他排名，如获得第四名的概率为 0.13；同时，通过图 4.11 的全局排序可接受性指标得到最差排序的方案 A12，它也以 0.017 的概率获得排序第一名；同样，通过图 4.1 的全局排序可接受性指标得到排序居中的方案 A1、A4 和 A7，它们获得排序第一的概率分别为 0.227、0.211 和 0.069，获得排序第六名的概率分别为 0.084、0.020 和 0.117。图 4.13 展示了 SMAA-VIKOR 模型在权重信息未知情况下各方案获得最优排名时的中心权重向量，可以看出各方案获得最优排名时相应的典型权重向量不尽相同。以方案 A3 为例，从图 4.7 可以看出，方案 A3 发电量和时段最小出力值均较大，若要方案 A3 取得最优排名，发电量和时段最小出力这两个指标均需取得较大的权重，分别是 0.41 和 0.37，此时相应的生态指标 APFD 的权重较小。

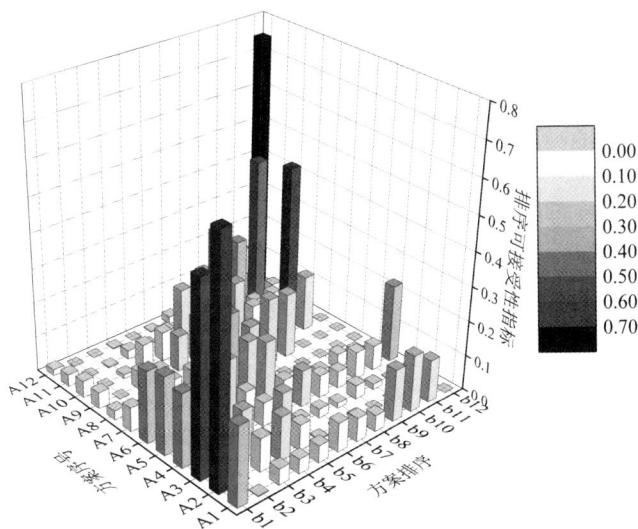

图 4.12　SMAA-VIKOR 模型在权重信息未知的排序可接受性指标

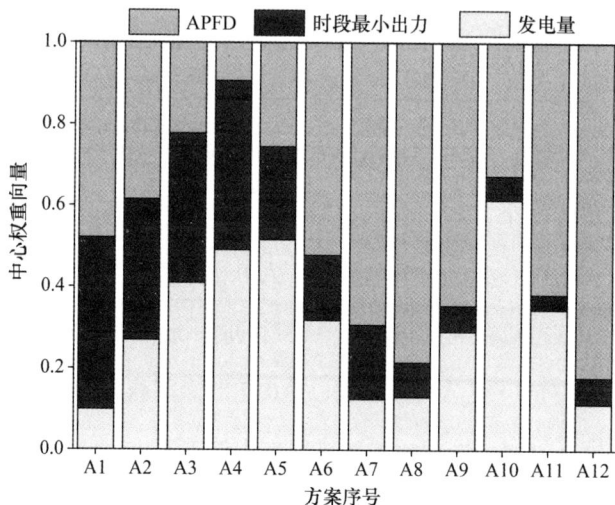

图 4.13　SMAA-VIKOR 模型在权重信息未知的中心权重向量

通过上述分析，可以看出考虑指标权重不确定性的 SMAA-VIKOR 模型得到各个方案在各个排序结果上有不尽相同的概率，而确定型 VIKOR 模型得到的各个方案只能获得唯一的排序结果，且在多属性决策前需要决策者提前给定决策信息，对于决策者在决策初期确定风光水电系统调度方案造成了较大的难度。因此，在决策的第一阶段不需要决策群体给定指标权重信息的 SMAA-VIKOR 模型较确定型 VIKOR 模型有着一定的优越性，且可以为决策者的决策提供更多有用的信息。

4.3.4　风光水电系统群体决策第二阶段分析

随着决策的进行，决策者不断学习新的知识，对于各个方案和指标的认识逐渐清晰，可以给出指标权重部分信息或模糊的信息，这时就进入风光水电系统多属性决策的第二阶段。表 4.4 展示了三位决策者基于 4.3.3 节的中心权重向量给出的直觉模糊判断矩阵，以直觉模糊数进行表示。

表 4.4　三位决策者给出的直觉模糊判断矩阵

人员	指标	发电量	时段最小出力	APFD
决策者 1	发电量	(0.50,0.50)	(0.30,0.50)	(0.30,0.40)
	时段最小出力	(0.50,0.30)	(0.50,0.50)	(0.45,0.50)
	APFD	(0.40,0.30)	(0.50,0.45)	(0.50,0.50)
决策者 2	发电量	(0.50,0.50)	(0.20,0.60)	(0.25,0.45)
	时段最小出力	(0.60,0.20)	(0.50,0.50)	(0.10,0.50)
	APFD	(0.45,0.25)	(0.50,0.10)	(0.50,0.50)
决策者 3	发电量	(0.50,0.50)	(0.20,0.65)	(0.35,0.60)
	时段最小出力	(0.65,0.20)	(0.50,0.50)	(0.45,0.45)
	APFD	(0.60,0.35)	(0.45,0.45)	(0.50,0.50)

由 4.2.4 节可知，当决策群体给定了直觉模糊判断矩阵 R，需要通过建立直觉模糊判断矩阵 R 的积型一致性直觉模糊判断矩阵 $\overline{R}$ 进行一致性分析，具体结果如表 4.5 所示。

表 4.5　相应的积型一致性直觉模糊判断矩阵

人员	指标	发电量	时段最小出力	APFD
决策者 1	发电量	(0.50,0.50)	(0.30,0.50)	(0.2596,0.5000)
	时段最小出力	(0.50,0.30)	(0.50,0.50)	(0.45,0.50)
	APFD	(0.5000,0.2596)	(0.50,0.45)	(0.50,0.50)
决策者 2	发电量	(0.50,0.50)	(0.20,0.60)	(0.0270,0.6000)
	时段最小出力	(0.60,0.20)	(0.50,0.50)	(0.10,0.50)
	APFD	(0.6000,0.0270)	(0.50,0.10)	(0.50,0.50)
决策者 3	发电量	(0.50,0.50)	(0.20,0.65)	(0.1698,0.6031)
	时段最小出力	(0.65,0.20)	(0.50,0.50)	(0.45,0.45)
	APFD	(0.6031,0.1698)	(0.45,0.45)	(0.50,0.50)

通过式（4.24）计算矩阵 R 和 $\overline{R}$ 的距离测度 $d(R,\overline{R})$，并与其阈值对比，发现未满足一致性要求。因此，构建融合直觉偏好矩阵 $\widetilde{R}$，如表 4.6 所示。

表 4.6 融合直觉偏好矩阵

人员	指标	发电量	时段最小出力	APFD
决策者 1	发电量	(0.50,0.50)	(0.30,0.50)	(0.2674,0.4797)
	时段最小出力	(0.50,0.30)	(0.50,0.50)	(0.45,0.50)
	APFD	(0.4797,0.2674)	(0.50,0.45)	(0.50,0.50)
决策者 2	发电量	(0.50,0.50)	(0.20,0.60)	(0.0437,0.5706)
	时段最小出力	(0.60,0.20)	(0.50,0.50)	(0.10,0.50)
	APFD	(0.5706,0.0437)	(0.50,0.10)	(0.50,0.50)
决策者 3	发电量	(0.50,0.50)	(0.20,0.65)	(0.1989,0.6025)
	时段最小出力	(0.65,0.20)	(0.50,0.50)	(0.45,0.45)
	APFD	(0.6025,0.1989)	(0.45,0.45)	(0.50,0.50)

进一步计算矩阵 $\widetilde{\widetilde{R}}$ 和矩阵 $\overline{R}$ 的距离测度 $d(\overline{R},\widetilde{\widetilde{R}})=0.0230<0.1$ ，表明矩阵 $\widetilde{\widetilde{R}}$ 满足一致性要求，随后通过式（4.30）计算得到三位决策者的直觉模糊偏好权重，如表 4.7 所示。

表 4.7 直觉模糊偏好权重

人员	发电量	时段最小出力	APFD
决策者 1	(0.2134,0.6197)	(0.2898,0.5747)	(0.2958,0.5540)
决策者 2	(0.1356,0.6217)	(0.2187,0.4878)	(0.2863,0.3295)
决策者 3	(0.1816,0.6921)	(0.3233,0.5434)	(0.3137,0.5431)

将表 4.7 的结果输入式（4.32）和式（4.33），可以得到最终的协调权重，如表 4.8 所示。

表 4.8 最终的协调权重

人员	发电量	时段最小出力	APFD
决策者 1	0.299	0.344	0.356
决策者 2	0.257	0.334	0.409
决策者 3	0.254	0.374	0.371
协调权重	0.270	0.351	0.379

由于决策者主观偏好存在模糊性，得到的协调权重可能与真实的指标权重存在

一定偏差。为了反映指标权重的随机性,本节进一步地将协调权重定义成在权重可行空间内服从正态分布,均值为协调权重,标准差取均值的 1/10[87]。根据正态分布的 3σ 原则,此时指标权重有 99.73%的概率处在可行权重空间中。将该指标权重输入 SMAA-VIKOR 模型中,即通过 IFAHP-SMAA-VIKOR 模型,通过拉丁超立方抽样求解,并计算全局可接受性指标和排序可接受性指标。将结果与 4.3.3 节通过 SMAA-VIKOR 模型得到的全局可接受性指标和排序可接受性指标进行对比,分别如图 4.14 和图 4.15 所示。为了区分,4.3.3 节得到的全局可接受性指标和排序可接受性指标以 SMAA-VIKOR 模型命名,即(a)图,本节得到的全局可接受性指标和排序可接受性指标以 IFAHP-SMAA-VIKOR 模型命名,即(b)图。

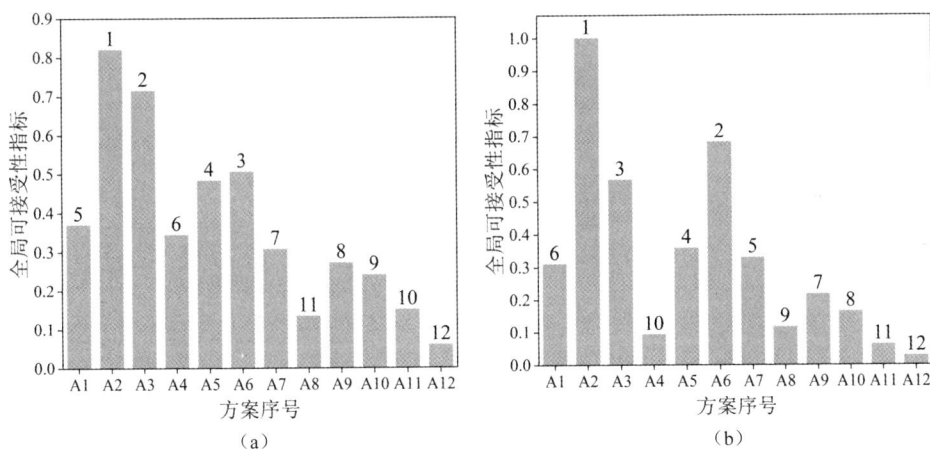

图 4.14　SMAA-VIKOR 模型和 IFAHP-SMAA-VIKOR 模型的全局可接受性指标

由图 4.14 可以看出,方案 A2 和方案 A12 在两个模型全局可接受性指标中分别排第一名和最后一名,其他方案的全局可接受性指标在排序上呈现出总体一致的趋势。进一步,通过图 4.15 可以看出,方案 A2 在 IFAHP-SMAA-VIKOR 模型计算得到的排序可接受性指标排名第一的概率为 1,而在 SMAA-VIKOR 模型计算得到的排序可接受性指标排名第一的概率为 0.692;方案 A12 在 IFAHP-SMAA-VIKOR 模型计算得到的排序可接受性指标排名为最后一名的概率为 0.970,而在

SMAA-VIKOR 模型计算得到的排序可接受性指标排名为最后一名的概率为
0.748。可以看出，基于 IFAHP-SMAA-VIKOR 模型计算出的排序可接受性指标较
SMAA-VIKOR 模型分布更为集中，即各个方案通过 IFAHP-SMAA-VIKOR 模型
计算得到的排序可接受性指标表现出更加的明显优劣趋势，这在决策后期为决策
群体制定付诸实施的方案给予了充分的信心，表明使用 IFAHP-SMAA-VIKOR 模
型进行两阶段决策具有一定的可操作性和优越性。

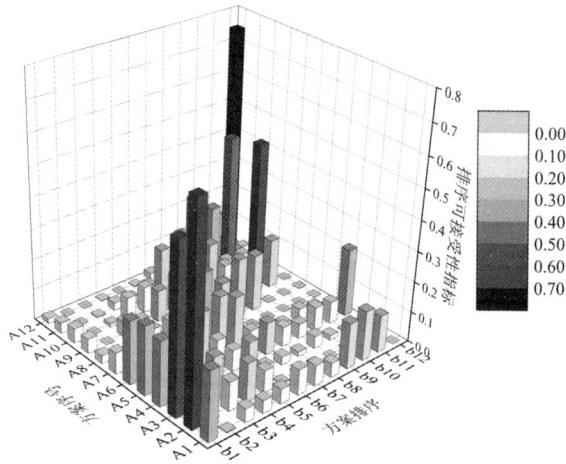

（a）

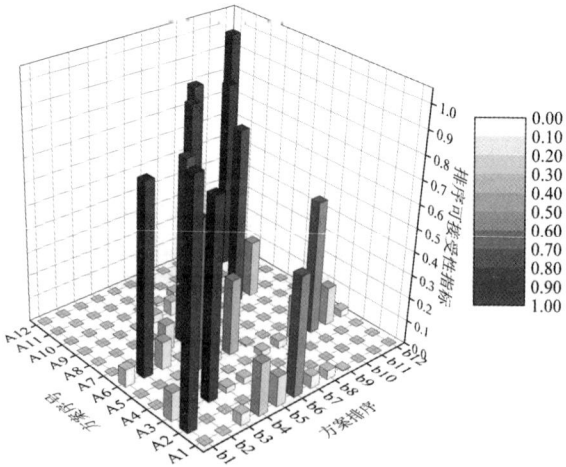

（b）

图 4.15　SMAA-VIKOR 模型和 IFAHP-SMAA-VIKOR 模型的排序可接受性指标

4.4 本 章 小 结

本章首先介绍了多属性决策问题的一般情况，重点对可行权重空间概念进行了描述。针对群决策制定风光水电系统调度计划方案，涉及风能、光能、水能、生态和群体决策等多个学科的知识，对于决策者制定科学合理的方案要求较高。本章还提出了适合风光水电系统群决策的两阶段随机多属性决策方法，针对群决策过程中决策第一阶段决策者由于自身知识受限，且对于指标权重信息未知的情况，在第一阶段引入了随机多指标可接受性分析（SMAA）理论，并提出了 SMAA-VIKOR 模型来对各个完全未知的指标权重进行反权重空间分析，明晰指标权重空间；在决策的第二阶段，随着可获取信息不断增加，决策者对于各个方案和指标权重的认识逐渐清晰，但对于指标权重还存在相应的模糊性，依赖于决策群体的部分清楚部分模糊的主观意见，此时引入了直觉模糊层次分析法（IFAHP），允许决策群体表达自己的模糊偏好信息，最终建立了 IFAHP-SMAA-VIKOR 模型来科学制定风光水电系统长期的调度方案，丰富了不确定性条件下风光水电系统调度方案选择的随机多属性决策方法。本章最后以第三章多目标优化得到的雅砻江流域风光水电系统调度方案为例进行研究。本章获得的主要结论如下。

（1）在 SMAA-2 和 SMAA-VIKOR 模型求解中，基于拉丁超立方抽样方法求解出的全局可接受性指标评价值总体上优于蒙特卡洛抽样方法，且拉丁超立方抽样方法在求解上述两个模型的稳定性也优于蒙特卡洛抽样方法。

（2）在效用函数方面，使用了 SMAA-VIKOR 模型中的 VIKOR 效用函数和原始 SMAA-2 模型中线性加和效用函数。前者得到的各个方案的排序较后者更为集中，能够在风光水电系统决策时更有效地降低权重不确定性对随机决策结果的影响，从而获得更为明显的概率排序结果，为决策者提供了更为明确的信息。

（3）相较于确定型 VIKOR 模型，可以考虑指标权重不确定性的 SMAA-VIKOR 模型得到的各个方案在各个排序上可以获得不尽相同的概率，而确定型 VIKOR 模型得到的各个方案只能获得唯一的排序结果，且在多属性决策前需要决策者提前给定决策信息，对于决策者在决策初期确定风光水电系统调度方案造成了较大的难度。因此，在决策第一阶段不需要决策群体给定指标权重信息的 SMAA-VIKOR 模型较确定型 VIKOR 模型有着一定的优越性，且可以为决策者决策时提供更多的有用的信息。

（4）在风光水电系统方案制定过程第二阶段，基于 IFAHP-SMAA-VIKOR 模型计算出的排序可接受性指标较 SMAA-VIKOR 模型分布更为集中，即各个方案通过 IFAHP-SMAA-VIKOR 模型计算得到的排序可接受性指标表现出更加的明显优劣趋势。这在决策后期为决策群体制定付诸实施的方案给予了充分的信心，表明 IFAHP-SMAA-VIKOR 模型进行两阶段决策具有一定的可操作性和优越性。

第 5 章 预报不确定性条件下风光水电系统
短期联合运行及风险分析

流域中的风光水电系统短期联合运行包括风光出力预报，水电补偿调度和风险评估等环节，这些紧密联系的环节构成了风光水电系统短期预报-调度-风险评估过程链。现有研究大都是基于上述风电或光电单一能源出力确定性预报使用水电进行补偿调度，很少考虑到风电或光电出力预报不确定性情况，风电或光电单一能源出力预报不确定性到风光联合出力预报不确定性的动态演化机制，以及由于预报不确定性导致的水电补偿后出力短缺的风险过程。

鉴于此，本章在第 4 章两阶段群决策得到的长期调度计划作为风光水电系统短期联合运行的边界条件，以及在第 2 章得到的风光水电短期互补特性基础上，提出通用鞅模型描述风电和光电出力预报不确定性特征,结合随机优化调度理论，构建耦合风光出力预报不确定性动态演进的风光水电系统短期随机优化调度模型，揭示风电或光电从单一能源出力预报不确定性到风光联合出力预报不确定性的动态演化机制，以及由于预报不确定性导致水电补偿后出力存在短缺的风险过程。

5.1 出力预报不确定性分析

准确的风光水电出力预报可以提高风光水能资源的高效利用和电网的安全、稳定运行。但是，由于各种因素的影响，如气象预报模型不能完美模拟天气系统、水文预报模型不能很好概化流域情况、初始条件和边界条件信息获取不一定准确，导致预报存在一定的不确定性。目前，风光水电系统短期联合调度一般是在非汛期（水电在汛期首要任务是防洪，此时一般不参与补偿风、光出力的调度）。在非汛期水电站日内入库径流较为平稳，预报较为准确，可以忽略其预报不确定性。因此，本章后续主要关注的预报不确定性均是风电和光电的，风电出力和光电出力预报最重要的两个因素是风速和太阳辐射。本章将首先分析风速和太阳辐射预报不确定性随时间的变化过程；进而介绍预报演进的通用鞅模型并基于该模型生成风速和太阳辐射情景树；由于风速、太阳辐射、风电出力、光电出力、风光联合出力的数量级都不一样，因此最后定义指标统一量化不同变量的数量级。

5.1.1 风速和太阳辐射预报不确定性随时间的变化过程

风速动态滚动预报示意图如图 5.1 所示。定义风速预报的预见期为 HL，开始预报风速对应的时段为 ws，v_t 为第 t 时段的风速实测值，$fv_{ws,t}$ 为时段 ws 预报未来第 t 个时段的风速 $(t = ws, ws+1,\ldots,ws+HL)$。令 $ev_{ws,t}$ 为时段 t 的风速 v_t 对应的预报误差，见下式：

$$ev_{ws,t} = fv_{ws,t} - v_t \tag{5.1}$$

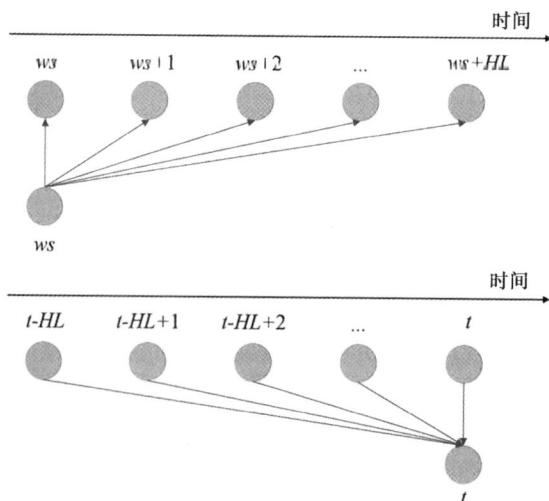

图 5.1　风速动态滚动预报示意图

由图 5.1 可知，在时段 ws 做出的风速预报可以构成数组 $\boldsymbol{fv}_{ws,-}$，见下式：

$$\boldsymbol{fv}_{ws,-}=[fv_{ws,ws},fv_{ws,ws+1},fv_{ws,ws+2},\ldots,fv_{ws,ws+HL}] \tag{5.2}$$

同理，在第 t 时段的真实风速 v_t 对应不同预见期的风速预报也可以构成一个数组 $\boldsymbol{fv}_{-,t}$，见下式：

$$\boldsymbol{fv}_{-,t}=[fv_{t-HL,t},fv_{t-HL+1,t},fv_{t-HL+2,t},\ldots,fv_{t,t}] \tag{5.3}$$

因此，根据式（5.1）和式（5.2）可以得到，在时段 ws 做出的预报相应的预报误差数组可以记为 $\boldsymbol{ev}_{ws,-}$，见下式：

$$\boldsymbol{ev}_{ws,-}=[ev_{ws,ws},ev_{ws,ws+1},ev_{ws,ws+2},\ldots,ev_{ws,ws+HL}] \tag{5.4}$$

同理，根据式（5.1）和式（5.3），可以得到在 t 时段相应的预报误差所对应的数组 $\boldsymbol{ev}_{-,t}$，见下式：

$$\boldsymbol{ev}_{-,t}=[ev_{t-HL,t},ev_{t-HL+1,t},ev_{t-HL+2,t},\ldots,ev_{t,t}] \tag{5.5}$$

进一步，根据风速预报误差 $ev_{ws,t}(ws=t-HL,t-HL+1,\ldots,t)$，定义风速预报改进 $u_{ws,t}^{v}$ 为当前时段 ws 对未来第 t 个时段做的预报对应的预报误差，相较于前一个时段 $ws-1$ 对未来第 t 个时段作的预报对应的预报误差的减小量，具体见下式：

$$u_{ws,t}^{v}=ev_{ws,t}-ev_{ws-1,t} \tag{5.6}$$

对于当前时段风速已知，即 $fv_{t,t}=v_t \Rightarrow ev_{t,t}=0$，根据式（5.4）~式（5.6）整理可得：

$$\begin{cases} ev_{t-1,t}=ev_{t,t}-u_{t,t}^{v}=-u_{t,t}^{v} \\ ev_{t-2,t}=ev_{t-1,t}-u_{t-1,t}^{v}=-u_{t,t}^{v}-u_{t-1,t}^{v} \\ \quad\vdots \\ ev_{t-HL,t}=-\sum_{i=1}^{HL}u_{t-HL+i,t}^{v} \end{cases} \tag{5.7}$$

对式（5.7）分析可知，以时段 $t-HL$ 为例，风速总的预报误差 $ev_{t-HL,t}$ 可以被分解为各时段风速预报误差的改进 $u_{t-HL+i,t}^{v}(i=1,2,\ldots,HL)$。对未来第 t 个时段所做的预报 $\boldsymbol{fv}_{-,t}$，其预报改进 $u_{ws,t}^{v}$ 将构成一个数组 $\boldsymbol{u}_{-,t}^{v}$，见下式：

$$u_{-,t}^{v} = [u_{t-HL+1,t}^{v}, u_{t-HL+2,t}^{v}, u_{t-HL+3,t}^{v}, \ldots, u_{t,t}^{v}] \quad (5.8)$$

另一方面，时段 ws 所做的预报对应的预报改进也将构成一个数组 $u_{ws,-}^{v}$，见下式：

$$u_{ws,-}^{v} = [u_{ws,ws}^{v}, u_{ws,ws+1}^{v}, u_{ws,ws+2}^{v}, \ldots, u_{ws,ws+HL-1}^{v}] \quad (5.9)$$

由式（5.7）可知，要想知道风速预报误差值 ev，首先要得到各个时段所对应的风速预报改进值 u^{v}。因此，模拟风速预报的不确定性转化为模拟邻近时段风速预报改进值 u^{v}。同理，模拟太阳辐射预报误差值 eG_{tot} 与模拟风速预报误差值 ev 一样，需要先得到各个时段太阳辐射预报改进值 $u^{G_{tot}}$。

5.1.2 预报演进的鞅模型

Heath 和 Jackson 提出了预报演进的鞅模型（Martingale Model of Forecast Evolution，MMFE）用于物流和供应链管理，通过该模型分析预报不确定性随着可获取信息动态更新而动态变化的过程[152]。赵铜铁钢后续将其引入洪水预报，并指出其有四个前提假设[153]：无偏性假设，即 $u_{ws,ws+kk-1}^{v}(kk=1,2,\ldots,HL)$ 的统计期望值为 0；正态分布性假设，即 $u_{ws,ws+kk-1}^{v}(kk=1,2,\ldots,HL)$ 服从正态分布；时序独立性假设，即 $u_{ws1,ws1+kk-1}^{v}$ 和 $u_{ws2,ws2+dd-1}^{v}(w1 \neq w2; kk=1,2,\ldots,HL; dd=1,2,\ldots,HL)$ 之间相互独立；稳态性假设，即 $u_{ws,ws+kk-1}^{v}(kk=1,2,\ldots,HL)$ 的统计性质不随 ws 变化而变化。

基于上述四个假设条件，预报演进的鞅模型可以概化为 $[u_{ws,ws}^{v}, u_{ws,ws+1}^{v}, \ldots, u_{ws,ws+HL-1}^{v}]$ 的方差协方差矩阵（Variance–Covariance Matrix，VCV）[154]：

$$VCV = \begin{bmatrix} \mathrm{var}_1 & \mathrm{cov}_{1,2} & \cdots & \mathrm{cov}_{1,HL} \\ \mathrm{cov}_{2,1} & \mathrm{var}_2 & \cdots & \mathrm{cov}_{2,HL} \\ \vdots & \vdots & \ddots & \vdots \\ \mathrm{cov}_{HL,1} & \mathrm{cov}_{HL,2} & \cdots & \mathrm{var}_{HL} \end{bmatrix} \quad (5.10)$$

由于方差协方差矩阵是半正定矩阵 VCV，可以对方差协方差矩阵 VCV 进行

Cholesky 分解[155]，得到：

$$VCV = V \times V^T \qquad (5.11)$$

随后，对独立同分布的标准正态分布随机变量 x_i 进行数学变换，可以得到：

$$[u_1^v \ u_2^v \ ... \ u_{HL}^v] = [x_1^v \ x_2^v \ ... \ x_{HL}^v]V^T \qquad (5.12)$$

式中，$u_i^v(kk=1,2,...,HL)$ 为随机生成的风速预报改进值。由式（5.11）和式（5.12）可知，$[u_1^v \ u_2^v \ ... \ u_{HL}^v]$ 的方差协方差矩阵为给定的 VCV 矩阵。

5.1.3 预报演进的通用鞅模型

由 5.1.2 节可知，预报演进的鞅模型必须基于上诉四个严格的假定，然而在自然界中，很多时候预报模型不能完美地反映物理情况，而且初始条件和边界条件也不一定准确，导致预报不确定性有可能是有偏的、非正态分布。为了更适用于一般情况，Zhao 等人基于正态分位数提出了一种通用的鞅模型（General Martingale Model of Forecast Evolution，GMMFE），可以适用于预报不确定性是有偏的、非正态分布[153]。相比于预报演进的鞅模型，它多了正态分位数的转换和逆正态分位数转换，其思想是先将有偏、非正态分布的预报改进样本转换为无偏、正态分布的样本[156]。具体为：对于一个连续的随机变量，它的取值与累积分布函数具有一一对应的关系，通过它的累积分布函数（Cumulative Distribution Function，CDF），可以将服从具体统计分布的随机数转成累积概率；反之，可以根据累积分布函数的反函数 CDF^{-1}，将累积概率转成与其对应分布的随机数[156]。

因此，对于预报改进的样本，可以通过正态分位数将其转化为服从标准正态分布的随机变量,然后基于 5.1.2 节的鞅模型生成无偏、正态分布的预报改进样本；随后将新生成的无偏、正态分布预报改进样本基于逆正态分位数转换得到有偏、非正态分布的预报改进样本。

5.1.4　基于通用鞍模型模拟风光出力预报误差随时间演变的特性

（1）正态分位数变换。定义 $u_{ws,ws+kk-1}^{v}$ 为风速预报改进样本（为了更具有一般性，本节以预报改进服从有偏、非正态的分布为例），$CDF_{kk}^{v}(u_{ws,ws+kk-1}^{v})$ 为变量 $u_{ws,ws+kk-1}^{v}$ 的累积分布函数；定义 $(CDF_{Gaussian}^{u})^{-1}[CDF_{kk}^{v}(u_{ws,ws+kk-1}^{v})]$ 为标准正态分布的累积分布函数的反函数。首先将风速预报改进 $u_{ws,ws+kk-1}^{v}$ 转化为相应的累积概率，随后将累积概率通过标准正态分布的累积分布函数的反函数转化为无偏、正态分布的样本 $(u_{ws,ws+kk-1}^{v})'$，见下式：

$$(u_{ws,ws+kk-1}^{v})' = (CDF_{Gaussian}^{v})^{-1}[CDF_{kk}^{v}(u_{ws,ws+kk-1}^{v})] \qquad (5.13)$$

（2）预报改进的鞍模型。由于 $(u_{ws,ws+kk-1}^{v})'$ 是服从标准正态分布的随机变量，因此其协方差矩阵与相关系数矩阵 $\textbf{\textit{CORR}}$ 等价[157]，见下式：

$$\textbf{\textit{CORR}} = \begin{bmatrix} 1 & \rho_{1,2} & \cdots & \rho_{1,HL} \\ \rho_{2,1} & 1 & \cdots & \rho_{2,HL} \\ \vdots & \vdots & \ddots & \vdots \\ \rho_{HL,1} & \rho_{HL,2} & \cdots & 1 \end{bmatrix} \qquad (5.14)$$

对式（5.14）进行 Cholesky 分解，如式（5.11）所示，然后再对其进行矩阵变换，如式（5.12）所示，可以生成新的无偏、正态分布样本 $(u_{kk}^{v})'(kk=1,2,\ldots,HL)$。

（3）逆正态分位数变换。将新生成的 $(u_{kk}^{v})'(kk=1,2,\ldots,HL)$ 转化为有偏、非正态分布的预报改进样本 u_{kk}^{v}。具体来说，首先将新生成的无偏正态分布样本 $(u_{kk}^{v})'(kk=1,2,\ldots,HL)$ 通过 $CDF_{Gaussian}^{v}(u_{kk}^{v})'$ 转化为相应的累积分布函数，随后将累积概率转化成 u_{kk}^{v} 的累积分布函数，最后通过反函数 $(CDF_{kk}^{v})^{-1}$ 转化成有偏、非正态分布的预报改进样本，具体见下式：

$$u_{kk}^{v} = (CDF_{kk}^{v})^{-1}[CDF_{Gaussian}^{v}(u_{kk}^{v})'] \qquad (5.15)$$

根据式（5.15）得到的风速预报改进样本 u_{kk}^{v}，结合公式（5.6）和式（5.7），可以得到风速预报误差 $ev_{ws,t}$。在得到风速预报误差 $ev_{ws,t}$ 后，根据式（5.1）可

以得到风速预报值 $fv_{ws,t}$。通过情景树理论，将 GMMFE 随机模拟的风速预报过程进一步定义为动态风速情景树：$\{W\omega_t^{ii}\}_{t=ws}^{ws+HL}$ ($ii=1,2,...,II$)，其中 II 为情景树规模。

进一步，通过风电出力计算模型[90]，将风速转化为风电出力，具体见下式：

$$\{PW\omega_t^{ii}\}_{t=ws}^{ws+HL}: PW_t^{ii} = \frac{1}{2}\rho AN(v_t^{ii})^3 \tag{5.16}$$

式中，A 是风力发电机轮毂的面积，ρ 是空气密度，N 是风电站的风力发电机的台数，v_t^{ii} 是第 ii 序列第 t 时段风力发电机轮毂处的风速预报，PW_t^{ii} 是风电站第 ii 序列的第 t 时段的出力。

同理，根据计算风速预报情景树的步骤可以得到光电站太阳辐射的情景树 $\{PV\omega_t^{ii}\}_{t=ws}^{ws+HL}$，随后根据光伏电站出力模型可以将太阳辐射转化为光电站出力[91]，见下式：

$$\{PPV\omega_t^{ii}\}_{t=ws}^{ws+HL}: PPV_t^{ii} = P_{stc}\frac{G_{tot,t}^{ii}}{G_{stc}}[1-\beta(T_{cell,t}-T_{ref})]A_{PV} \tag{5.17}$$

式中，PPV_t^{ii} 是光伏电站第 ii 序列第 t 时段的出力，P_{stc} 是标准条件下光伏电池板的出力（$G_{stc}=1000\text{W/m}^2$，$T_{ref}=25℃$），$T_{cell,t}$ 是光伏电池板第 t 时段的温度，$G_{tot,t}^{ii}$ 是第 ii 序列第 t 时段的辐照度，A_{PV} 是光伏电池板的面积，系数 β 反映了热损耗效率（对于单晶硅光伏电池，一般取 0.45%/℃）。

将基于 GMMFE 得到的风电出力 PW_t^{ii} 和光电出力 PPV_t^{ii} 依次累加，可以得到风光联合出力 $PWPV_t^{ii}$，具体见下式：

$$\{\omega_t^{ii}\}_{t=ws}^{ws+HL}: PWPV_t^{ii} = PW_t^{ii} + PPV_t^{ii} \tag{5.18}$$

式中，ω_t^{ii} 为第 ii 个风光联合出力情景，其包含了一系列节点，节点从当前时段 ws 开始，在时段 $ws+HL$ 结束。

5.1.5 预报不确定性度量

在概率学中，方差通常被用来度量随机变量和其数学期望（即均值）之间的偏离程度[158]，因此，本节使用方差来衡量风速、太阳辐射、风电出力、光电出力和风光联合出力的不确定性。由于风速、太阳辐射、风电出力、光电出力和风光联合出力数量级相差可能较大，直接使用方差衡量不能很好的反映各个变量的不确定性。因此，本节将风速、太阳辐射、风电出力、光电出力、风光联合出力分别进行标准化，风速的标准化形式见下式：

$$fvnew_{ws,t}^{ii} = \frac{fv_{ws,t}^{ii} - \min(\{W\omega_t^{ii}\}_{t=ws}^{ws+HL})}{\max(\{W\omega_t^{ii}\}_{t=ws}^{ws+HL}) - \min(\{W\omega_t^{ii}\}_{t=ws}^{ws+HL})} \quad (5.19)$$

式中，$fvnew_{ws,t}^{ii}$ 为标准化后的风速，$\max(\{W\omega_t^{ii}\}_{t=ws}^{ws+HL})$ 和 $\min(\{W\omega_t^{ii}\}_{t=ws}^{ws+HL})$ 分别为场景 $\{W\omega_t^{ii}\}_{t=ws}^{ws+HL}$ 里风速的最大值和最小值。同理，太阳辐射、风电出力、光电出力和风光联合出力标准化过程与风速类似。

5.2 考虑实时修正的风光水电系统随机规划模型

目前，水电补偿风光联合出力一般是在非汛期，此时水电站一般不会有弃水现象发生[54]。在目前技术条件下，对于大规模风电和光电站，其出力一般不容易被存储。因此，在日常调度过程中，从节约资源角度来看，调度人员倾向于先用风电和光电的出力来满足负荷，当风电和光电出力不能满足指定负荷时，再采用水电出力来补偿调度，使得电网安全、稳定运行。在气象预报的过程中，预报人员每一时段都会根据当前气象信息对未来气象要素做相应的预报，随着预报的进行，对未来某个时间进行不断滚动更新预报，以改进气象要素的预报信息。同时，调度人员会根据更新的预报对未来的调度计划做出实时滚动更新。具体来说，调度计划可以分为具有精度较高的当前阶段和精度较低的未来阶段。对于当前阶段，预报精度较高，做出的计划可以直接用于调度策略的制定；对于未来阶段，其预报精度难以保证同当前时段一样较高的精度，调度人员一般会根据不同的预报模式制定不同的调度策略来纠正由于预报偏差对于调度而带来的影响。因此，随着预报的滚动更新，调度人员会根据更新过后的预报模式对未来的调度计划策略实时修正，以纠正由于之前预报信息认知不足对于调度决策带来的影响。

5.2.1　目标函数

当给定一定负荷时，一般优先使用风光系统给电网提供出力，以减少风光的弃电。因此，可以把满足负荷这个要求转为约束，即目标函数变为给定负荷减去风光联合出力，剩下的出力由水电提供。此时，目标函数转为了水电提供一定出力时耗水量尽可能小，具体形式见下式：

$$
\begin{aligned}
\min f &= \min\left\langle \left\{ \sum_{i=1}^{I} O_{i,ws}^{ii} \right\} + \left\{ \sum_{ii=1}^{II} \sum_{i=1}^{I} O_{i,t}^{ii} \right\} \{w_t^{ii}\}_{t=ws+1}^{ws+HL} \right\rangle \\
&= \left\{ \sum_{i=1}^{I} O_{i,ws}^{ii} \right\} + \min_{t\in[ws+1,ws+HL]} \left\langle \sum_{ii=1}^{II} PP(w_t^{ii}) \cdot \sum_{ii=1}^{II} \sum_{i=1}^{I} O_{i,t}^{ii} \right\rangle
\end{aligned}
\tag{5.20}
$$

式中，ws 是当前时段，$O_{i,t}^{ii}$ 是在模式 ii 下第 i 个水库第 t 时段的出库流量，I 是水库的数量，$\min\limits_{t\in[ws+1,ws+HL]} \left\langle \sum\limits_{ii=1}^{II} PP(w_t^{ii}) \cdot \sum\limits_{ii=1}^{II} \sum\limits_{i=1}^{I} O_{i,t}^{ii} \right\rangle$ 是未来阶段水电站期望出库流量，$PP(w_t^{ii})$ 是第 ii 个风光联合出力情景出现的概率。

5.2.2　约束条件

（1）水库水量平衡约束见下式：

$$
S_{i,t}^{ii} = S_{i,t-1}^{ii} + (Q_{i,t} - O_{i,t}^{ii})\Delta t
\tag{5.21}
$$

式中，$S_{i,t}^{ii}$ 和 $S_{i,t-1}^{ii}$ 为预报模式 ii 下第 i 库第 t 时段末、初水库蓄水量，$Q_{i,t}$ 为第 i

库第 t 时段入库流量，$O_{i,t}^{ii}$ 为预报模式 ii 下第 i 库 t 时段出库流量。

（2）水库水位约束见下式：

$$\underline{Z}_{i,t} \leqslant Z_{i,t}^{ii} \leqslant \overline{Z}_{i,t} \tag{5.22}$$

式中，$Z_{i,t}^{ii}$ 为预报模式 ii 下第 i 库第 t 时段末计算水位，$\underline{Z}_{i,t}$ 为第 i 库第 t 时段末允许下限水位，$\overline{Z}_{i,t}$ 为第 i 库第 t 时段末允许上限水位。

（3）出库流量约束见下式：

$$\underline{O}_{i,t} \leqslant O_{i,t}^{ii} \leqslant \overline{O}_{i,t} \tag{5.23}$$

$$O_{i,t}^{ii} = OP_{i,t}^{ii} + ON_{i,t}^{ii} \tag{5.24}$$

式中，$\underline{O}_{i,t}$ 和 $\overline{O}_{i,t}$ 分别为预报模式 ii 下第 i 库第 t 时段下泄流量允许的最小、最大值，$OP_{i,t}^{ii}$ 为预报模式 ii 下第 i 库第 t 时段发电流量，$ON_{i,t}^{ii}$ 为预报模式 ii 下第 i 库第 t 时段弃水流量。

（4）水电站出力约束见下式：

$$PH_t^{ii} = \sum_{i=1}^{I} PH_{i,t}^{ii} \tag{5.25}$$

$$\underline{PH}_{i,t} \leqslant PH_{i,t}^{ii} \leqslant \overline{PH}_{i,t} \tag{5.26}$$

式中，$\underline{PH}_{i,t}$ 和 $\overline{PH}_{i,t}$ 分别为第 i 水电站第 t 时段的允许最小出力和最大出力。

（5）水电站出力计算见下式：

$$PH_{i,t}^{ii} = OP_{i,t}^{ii} / g(\Delta H_{i,t}^{ii}) \tag{5.27}$$

式中，$PH_{i,t}^{ii}$ 是预报模式 ii 下第 i 水电站第 t 时段的出力，$g(\bullet)$ 函数为水电站出力特性函数，$\Delta H_{i,t}^{ii}$ 是预报模式 ii 下第 i 水电站第 t 时段的发电水头。

（6）负荷约束见下式：

$$\sum_{i=1}^{I} PH_{i,t}^{ii} + PWPV_t^{ii} + PS_t^{ii} - PC_t^{ii} = N_{demand,t} \tag{5.28}$$

$$PS_t^{ii} \bullet PC_t^{ii} = 0, PS_t^{ii} \geqslant 0, PC_t^{ii} \geqslant 0 \tag{5.29}$$

式中，PS_t^{ii} 和 PC_t^{ii} 分别是预报模式 ii 下的缺电出力和剩余出力。水电站出力上限

记为 $\overline{PH}_{i,t}$，当水电出力等于上限时，风光水电系统三者的联合出力小于负荷要求时，此时会出现缺电情况，缺电出力记为 PS_t^{ii}；当风光联合出力足够大时，水电站为了满足其他目标需求时，即最小出库进行发电，此时风光联合出力大于负荷要求时，即出现出力剩余情况记为 PC_t^{ii}。式（5.29）表示出力不足情况和出力剩余不可能同时大于 0。

5.2.3 求解方法

通过 GMMFE 模型生成风速和太阳辐射情景树，将其分别输入风电和光电出力模型计算风电和光电出力，结合水电站的入库径流作为输入 5.2.1 和 5.2.2 节建立的风光水电系统随机模型，并采用 Lingo18 的 Global 求解器求解[159]，多重不确定性条件下水电补偿风光出力流程图如图 5.2 所示。

5.2.4 随机优化调度风险分析

通常情况下，风险是指风险事件发生的概率和由该风险事件造成的相应后果的乘积，可以定义为 $Risk=f(P,C)$，其中 P 为风险事件发生的概率，C 为该风险事件造成的后果。但是，在很多现实问题中，要准确衡量风险事件造成的后果是极为困难的，如电力领域。许多研究者通常将风险简化定义为风险事件发生的概率，即风险率。据此定义，本节将风光水联合出力不足的风险定义为水电补偿风光联合出力后总出力仍然不能满足电网要求的负荷发生的概率：

$$Risk = P((PH + PWPV) < N_{demand}) \qquad (5.30)$$

式中，PH 和 $PWPV$ 分别为水电和风光联合出力，N_{demand} 为电网下达的负荷指令，$P((PH+PWPV)<N_{demand})$ 为风光水联合出力小于负荷指令发生的概率。

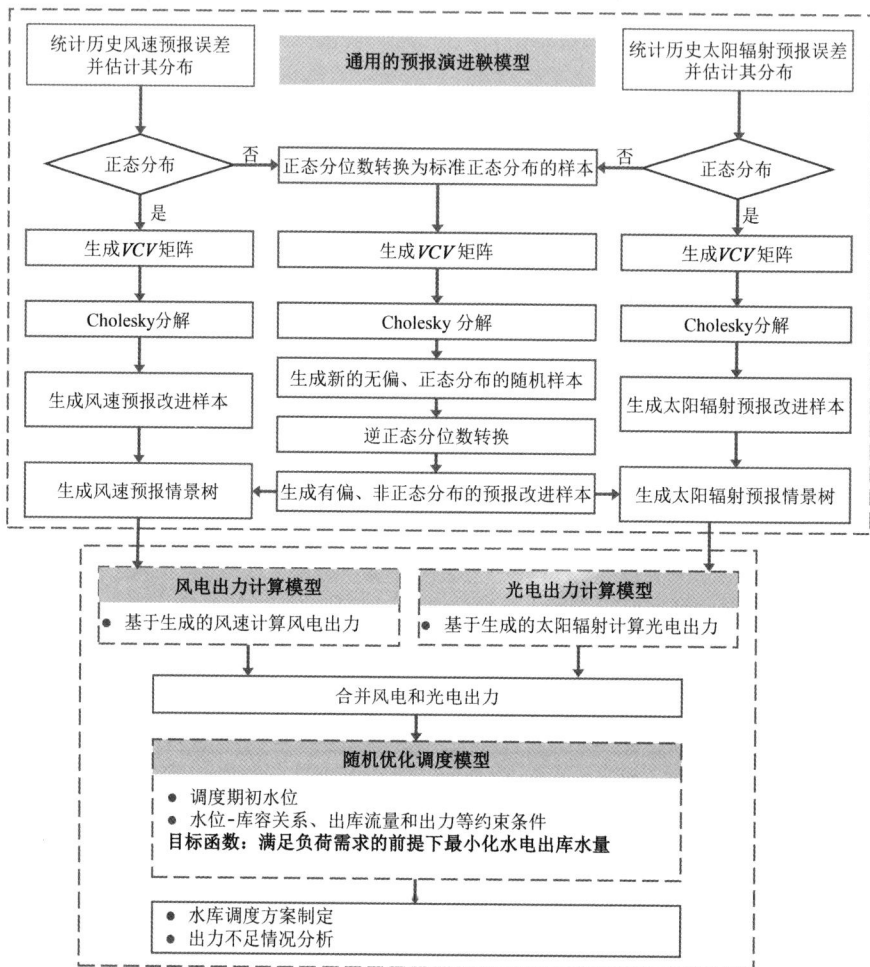

图 5.2　多重不确定性条件下水电补偿风光出力流程图

5.3　实例研究

将上述模型应用于雅砻江流域风光水电系统当中。将第 4 章风光水电系统两阶段群决策得到长期调度计划的水位作为水库补偿调度的起调水位。其中，电网给定负荷 4000MW 的需求，通过水电站补偿不稳定的风光联合出力，风、光电站装机容量分别为 2720MW、3130MW。通过统计当地的风速和太阳辐射预报资料[8]，得到风速预报改进符合正态分布，其均值为 0，标准差为 1；太阳辐射的预报改进符合正态分布，其均值为 0，标准差为 50。

本章是为了探究从风电或光电单一能源出力预报不确定性到风光联合出力预报不确定性再到水电补偿风光联合出力后的缺电程度的不确定性的演化程度。为了探究风光水电系统不确定性的演变特性，首先使用 GMMFE 模型描述风速和太阳辐射预报不确定性随着预见期而变化的特性，分析风电或光电单一能源出力预报不确定性到风光联合出力预报不确定性再到缺电程度的不确定性的演化特性（5.3.1 节）；然后探究水电补偿风光出力以后对水电自身的影响以及缺电的不确定性程度（5.3.2 节）；然后探究预报更新对整个风光水电系统不确定性的演化特性（5.3.3 节）；最后通过不同典型日风光出力的场景，进行探究水电补偿风光水电系统的能力（5.3.4 节）。

5.3.1　风光预报不确定性演变分析

5.3.1.1　风速和太阳辐射预报不确定性分析

为了揭示预报不确定性随预见期的变化而演变的情况，本节首先使用 5.1.4 节提出的 GMMFE 模型分别对风速和太阳辐射进行预报不确定性的模拟。雅砻江流域汛期水电站入库较多，如果此时将水电出力作为补偿风、光出力的能源，会严重损害水电站的防洪效益和经济效益。因此本节仅研究在非汛期水电系统对不稳定的风光联合出力进行补偿。图 5.3 至图 5.5 分别展示了春季、秋季和冬季的风速和太阳辐射预报及相应的不确定性随预见期增大的关系（由于冬季白昼较短，太阳辐射预报的预报时段长选为 8:00—17:00）。从图 5.3、图 5.4 和图 5.5（a）可以看出，风速预报值均匀分布在风速确定性预报值的两侧。图 5.3、图 5.4 和图 5.5（c）显示了太阳辐射在大部分时段均匀分布在确定性预报的两侧，除了最后两个时段，这是因为最后两个时段的太阳辐射确定性预报值较小，且预报不确定性较大，通过随机抽样模拟得到的预报值可能是负数。由于负数与实际情况不符，因此将其置为0，导致最后两个时段表现出太阳辐射预报是有偏的。从图5.3、图5.4和图5.5（b）和（d）可以看出，风速和太阳辐射的方差（预报不确定性）总体上是随着预见期的增加而逐渐变大，这表明 GMMFE 模型可以很好地模拟在不同季节时预报不确定性随着预见期的增加而逐渐增大的趋势。

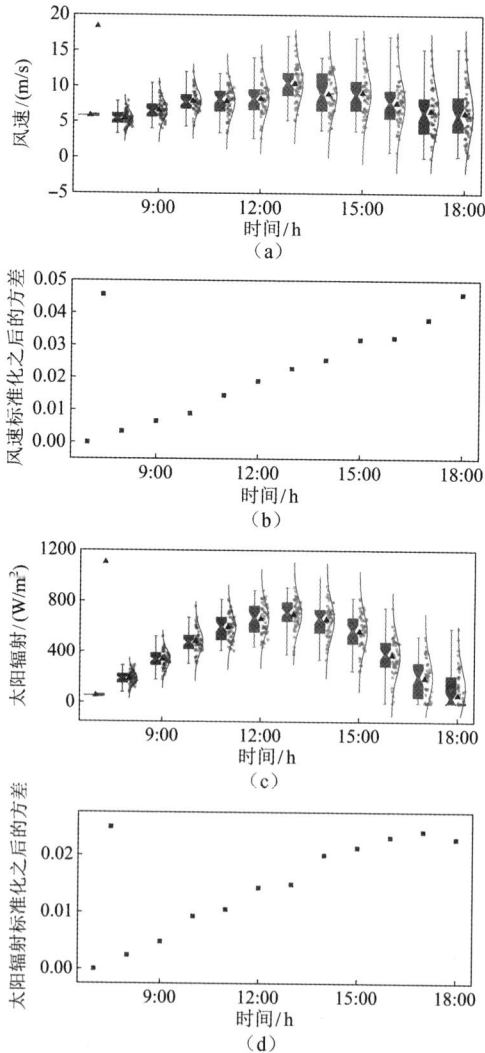

图5.3 7:00—18:00 的风速和太阳辐射预报及相应的不确定性随预见期增大的关系（春季）

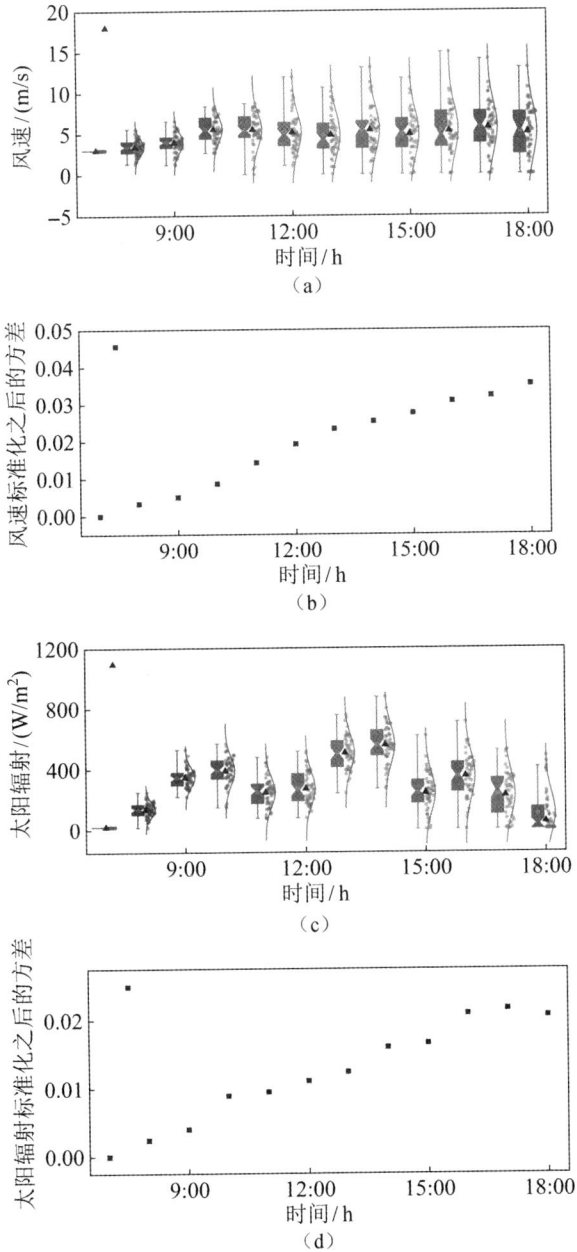

图 5.4　7 点发布的风速和太阳辐射预报及相应的不确定性（秋季）

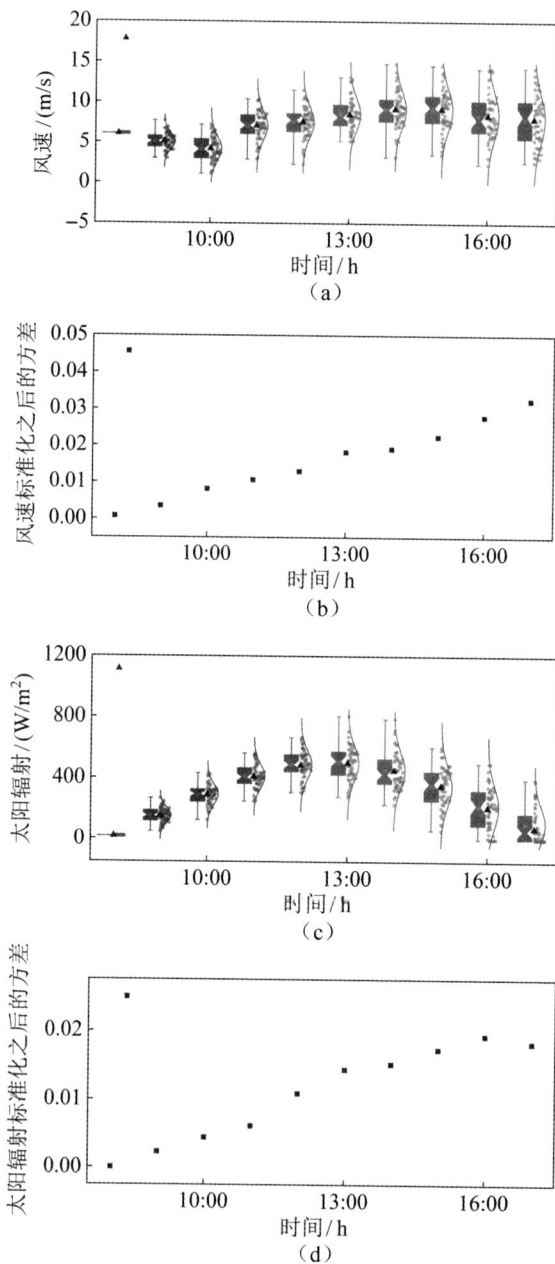

（a）

（b）

（c）

（d）

图 5.5　8:00—17:00 的风速和太阳辐射预报及相应的

不确定性随预见期增大的关系（冬季）

5.3.1.2　单一能源出力到风光联合出力预报不确定性演化分析

通过 5.1.4 节提出的风电和光电出力计算模型，将由 GMMFE 模型生成的风速和太阳辐射分别转化为风电、光电出力，进一步分析春季、秋季和冬季由风速、太阳辐射到风电、光电出力的不确定性演化情况，结果分别如图 5.6 至图 5.8 所示。

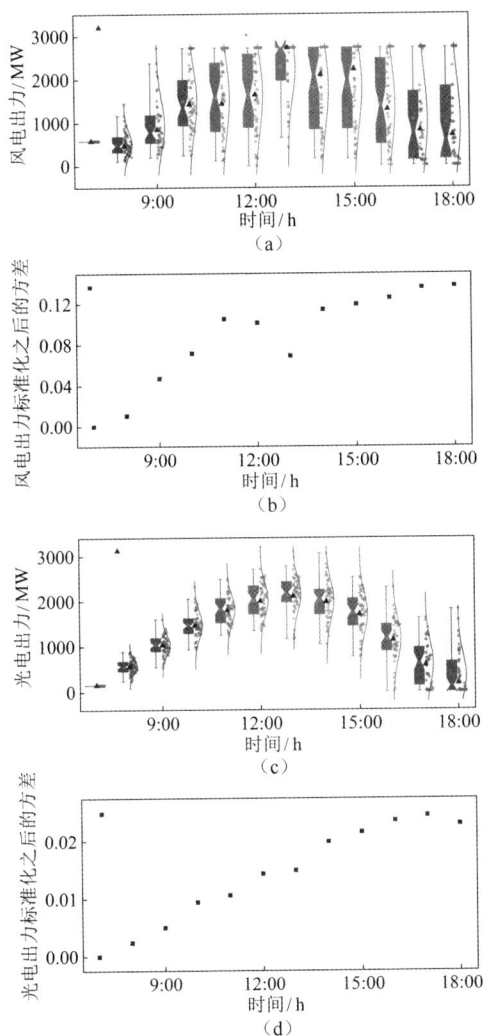

图 5.6　7:00—18:00 的风电出力和光电出力预报及相应的不确定性演化情况（春季）

（a）

（b）

（c）

（d）

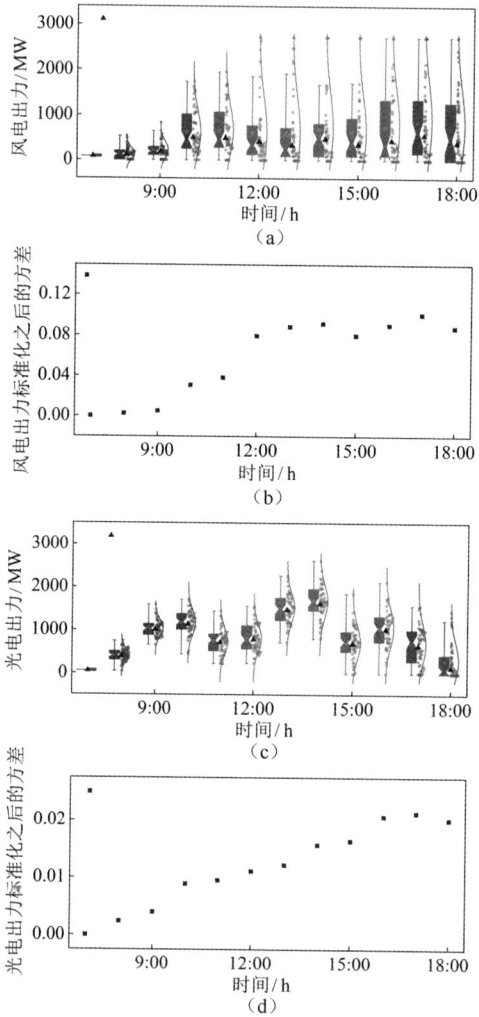

图 5.7　7:00—18:00 的风电出力和光电出力预报及相应的不确定性演化情况（秋季）

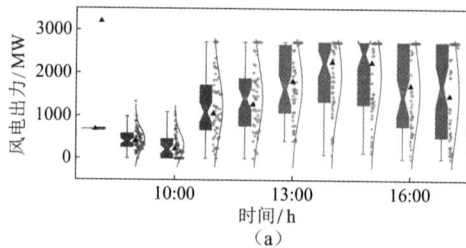

（a）

图 5.8（一）　8:00—17:00 的风电出力和光电出力预报及相应的不确定性演化情况（冬季）

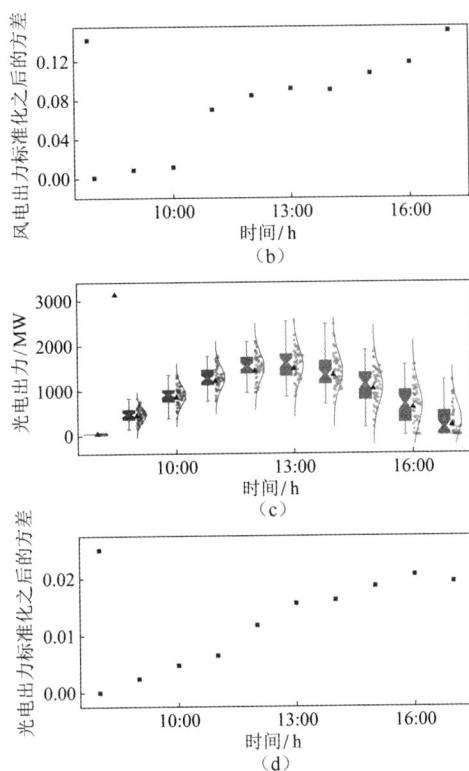

图 5.8（二）　8:00—17:00 的风电出力和光电出力预报及相应的不确定性演化情况（冬季）

对比图 5.3 至图 5.8（b），可以看出在各个季节内风电出力的方差均大于风速的方差，究其原因是风电出力和风速之间呈三次方的关系。同时，从图 5.6（a）可以看出，风电出力在 11:00—15:00 期间上尾较为集中，结合图 5.3（a）可以看出，出现此原因主要是在这期间有较多的风速介于额定风速和切出风速之间。同时，当风速大于等于额定风速且小于切出风速时，风电出力不再随着风速的增加而增加，将会保持在额定出力，因此在 11:00—15:00 期间风电出力呈现出上尾较为集中的趋势。图 5.6（a）中 8:00—9:00 和 17:00—18:00 风电出力下尾部分呈现出较为聚集的趋势，具体原因是这期间有较多风速小于切入风速，当风速小于切入风速时，此时风电机组将会切出电网，风机停止发电。

从图 5.6、图 5.7 和图 5.8（d）可以看出，光电出力的方差随着预见期的增加而不断变大。在春季，光电出力 18:00 的方差小于 17:00 的方差，具体原因是光电出力是基于太阳辐射和环境温度计算得到的，且此时太阳辐射确定性预报值较小和预报不确定性较大，通过 GMMFE 模型生成得到的太阳辐射预报情景可能会出现部分为 0 的现象，因此通过光电出力模型计算得到的光电出力也为 0，且最后一个时段光电出力为 0 的现象大于其前一个时段的，导致最后一个时段的方差小于前一个时段的方差。同理，秋季和冬季也有类似的现象。

结合图 5.3 至图 5.8（d），可以看出太阳辐射和光电出力预报的方差在同一预见期时几乎一致，仅有微小的差别。进一步，表 5.1 具体展示了春季时太阳辐射和光电出力的方差，从表中也可以看出太阳辐射和光电出力几乎一致，仅有微小的差别。究其原因，这微小的差别体现在环境温度会影响光伏电池板的工作温度，使得光伏电站出力与太阳辐射在同一时间的不确定性不完全一致。

表 5.1　7:00—18:00 的预报太阳辐射和光电出力的方差（春季）

时间	7:00	8:00	9:00	10:00	11:00	12:00	13:00	14:00	15:00	16:00	17:00	18:00
太阳辐射	0	0.0024	0.0048	0.0093	0.0105	0.0143	0.0149	0.02	0.0213	0.0231	0.0241	0.0228
光电出力	0	0.0024	0.005	0.0094	0.0106	0.0143	0.0149	0.0199	0.0216	0.0236	0.0245	0.023

将风电和光电出力对应累加得到风光联合出力，其预报及相应的不确定性随预见期的变化分别如图 5.9 和图 5.10 所示。可以看出，风光联合出力不确定性与单一能源（风电或光电）出力不确定性不完全一致，风光联合出力的预报不确定性不是严格地随着预见期的变大而变大。计算整个预见期的风电出力，光电出力和风光联合出力在整个预见期内的方差，如表 5.2 所示。可以看出，联合出力的方差小于风电出力的方差，大于光电出力的方差。

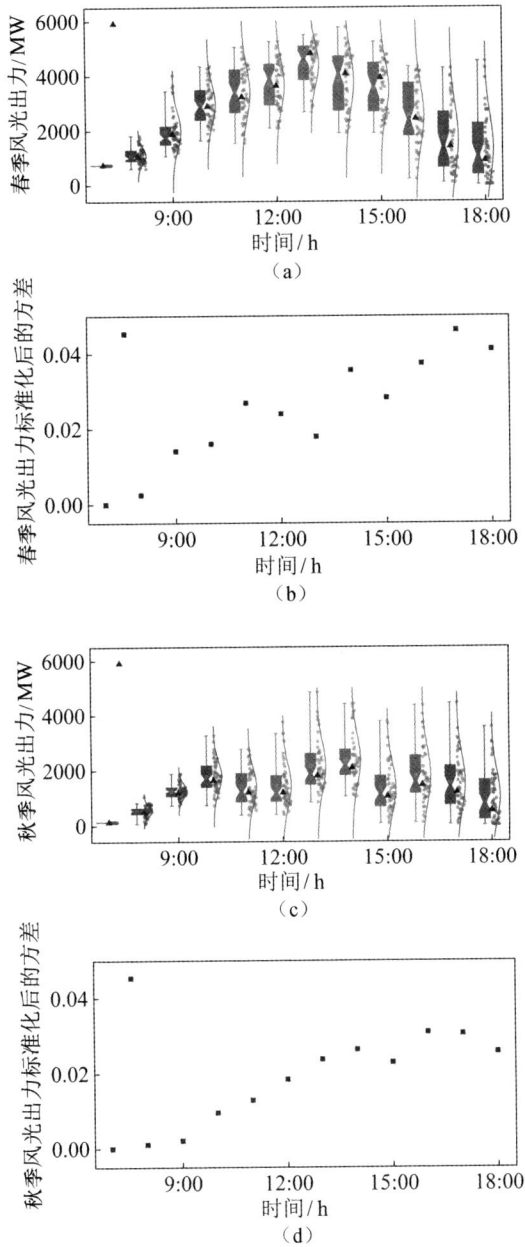

图 5.9　春季和秋季 7:00—18:00 的风光出力预报及相应的不确定性随预见期的变化

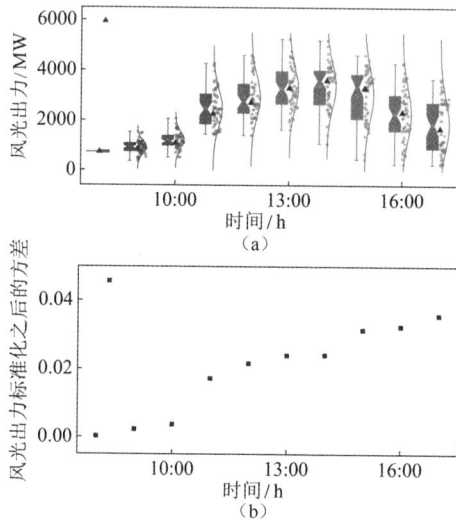

图 5.10 冬季 8:00—17:00 的风光出力预报及相应的不确定性随预见期的变化

表 5.2 风电出力,光电出力和风光联合出力在整个预见期内的方差

参数	春季	秋季	冬季
风电出力方差	0.1200	0.0651	0.1166
光电出力方差	0.0631	0.0339	0.0383
风光联合出力方差	0.0642	0.0375	0.0452

5.3.1.3 水电补偿风光联合出力后缺电程度

为了进一步探明水电补偿风光联合出力前后缺电程度的变化过程,本节使用 5.2 节建立的水电补偿风光联合出力的随机模型进行补偿调度。图 5.11(a)、(c) 和图 5.12(a)分别展示了春季、秋季和冬季没有水电补偿情况下出力的短缺情况, 图 5.11(b)、(d)和图 5.12(b)分别展示了春季、秋季和冬季在水电补偿情况下 出力的短缺情况。可以看出,在有水电补偿的情况下,相比于在没有水电出力的 补偿情况下,出力短缺减小幅度较大。通过统计发现,相比于未使用水电出力补 偿风光联合出力的情况,水电补偿后出力短缺期望值变化情况分别为,春季从 1550.1MW 降为 27.6MW,秋季从 2603.2MW 降为 59.6MW,冬季从 1827.1MW 降 为 9.0MW,减小幅度分别为 98.22%、97.71%和 99.51%。同时,出力短缺程度的

标准差也有相应的减小，春季从 1283.3MW 降为 125.4MW，秋季从 941.5MW 降为 120.9MW，冬季从 1171.5MW 降为 48.1MW。水电补偿后，缺电风险在春季、秋季和冬季降低幅度分别为 91.49%、73.73% 和 93.85%。从以上分析可以看出，水电对于风光出力的补偿是非常明显的。可能还存在出力短缺的风险，这是由于在这些时段风光联合出力太小，水电即使以预想出力进行补偿调度，此时也没能达到相应需求，此时可以进一步考虑使用火电出力作为补充。

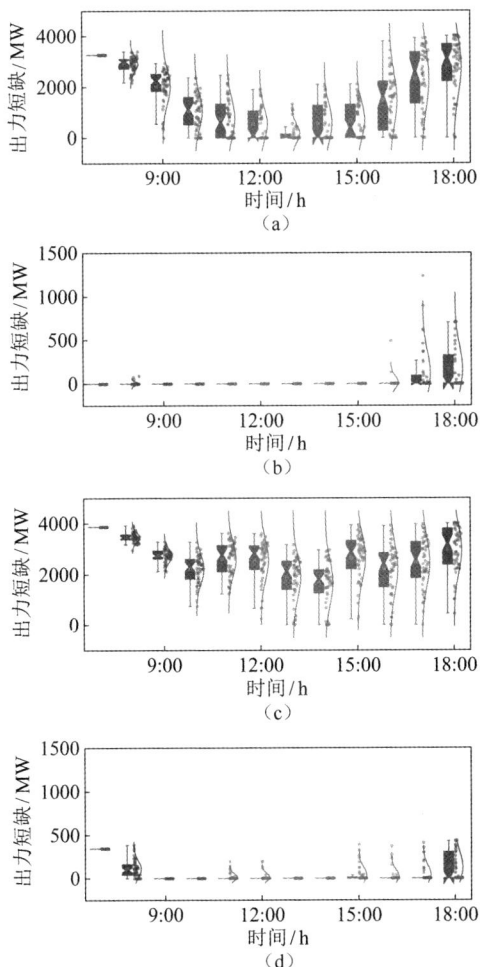

图 5.11　春季和秋季水电补偿风光联合出力前后的出力短缺情况

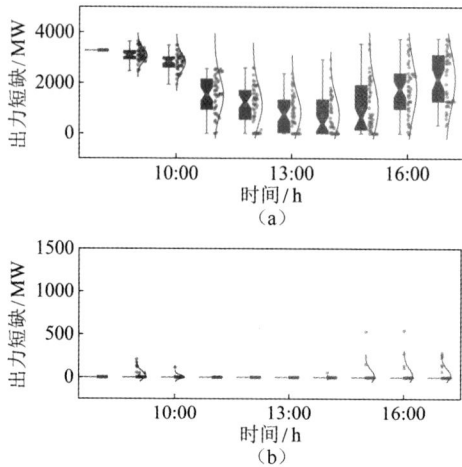

图 5.12　冬季水电补偿风光出力前后的出力短缺情况

5.3.2　水电补偿风光联合出力后对自身的影响

由 5.3.1 节可知，水电可以在较大程度上补偿不稳定风光联合出力。但是，当水电补偿风光出力之后，会对水电自身效益产生相应的影响[54]。本节探讨水电补偿风光出力后对水电自身效益以及风光水电系统整体效益的影响。图 5.13 是水电补偿风光出力后，水电站系统在春季相应的弃水流量，结合图 5.11（a）和（b），可以看出随着风光出力的期望值逐渐变大，水电弃水的期望值也随之增加。具体原因是水电自身承担着向下游生态供水的任务，当风光联合出力足够大时，水电不需要提供很大的出力来补偿风光出力，从而使得水库发电流量相应减少。当发电用水小于下游生态的生态用水要求（非汛期水电站由于库容较大，一般不会发生主动弃水的情况），水电需要通过额外出库以达到当时的最小出库流量需求。从图 5.9（a）可以看出，风光联合出力在 10:00 大于 16:00，而图 5.13 显示出 10:00 的弃水流量是小于 16:00 的弃水流量。因此，可以看出水电补偿风光出力后，对水电弃水影响不仅受当前时段风光出力期望值影响，还与风光出力不确定性有关。

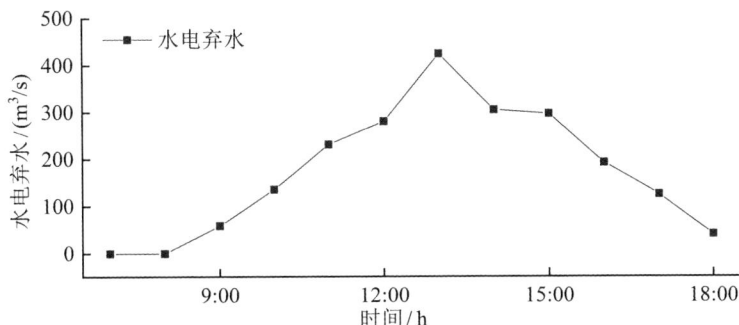

图 5.13　预报时段为 7:00—18:00 的水电补偿风光出力后水电弃水流量

为了进一步分析水电补偿风光联合出力对风光水电系统效益的影响，本节对比使用水电补偿风光联合出力和不使用水电补偿风光联合出力，整个风光水电系统的购电费用。假定如果不采用水电补偿，采用火电代替水电进行补偿，华东电网火电的电价是 0.41CNY/(kW·h)[54]，此时需要向火电购买 $1.86×10^7$kW·h，即需要花费 $7.63×10^6$CNY。当使用水电进行补偿，如果还存在缺电情况，假定此时缺电部分仍通过购买火电来满足。通过水电补偿风光联合出力，计算得到此时缺电量为 $0.03×10^7$kW·h，即购买火电的费用为 $1.23×10^5$CNY。进一步通过计算得到采用水电进行补偿调度时水电弃水量的电当量为 $3.42×10^6$kW·h，水电补偿调度时的发电量是 $1.83×10^7$kW·h，水电售价是 0.26CNY/kW·h[54]，即水电弃水量和发电量折合为效益分别为 $8.89×10^5$CNY 和 $4.76×10^6$CNY。因此，使用水电补偿风光出力时需要额外花费 $5.77×10^6$CNY。对比采用火电补偿风光出力，即使水电在补偿风光出力时会因补偿下游生态出现弃水现象，总体来说，采用水电补偿风光总体的花费较使用火电进行补偿的花费更有优势。

5.3.3　预报更新对于风光水电系统的重要性

为了进一步分析随着风光联合出力预报的更新对水电补偿风光的影响，本节使用 5.1 节建立的 GMMFE 模型进行滚动模拟，得到春季不同时间对 18:00 做的风速和太阳辐射预报及其相应的不确定性，如图 5.14 所示。从图 5.14 可以看出，随着气象信息可获取的增多，气象预报不断滚动修正，不同时段对 18:00 做的预报的不确定性随着预见期的变小不确定性而逐渐变小。这表明 GMMFE 模型可以很好地模拟预报不确定性随着预报的更新而逐渐变小的特征。通过 5.1.4 节建立的风电和光电出力计算模型，将风速、太阳辐射预报分别转为风电出力和光电出力的预报及其相应的不确定性，如图 5.15 所示。结合图 5.14 和图 5.15，可以看出从风速到风电出力不确定性呈现出增大的趋势，从太阳辐射到光电出力呈现出相似的趋势。将上述得到的风电出力和光电出力相应累加，得到风光联合出力的预报及其相应的不确定性，如图 5.16 所示。可以看出，风光联合出力的预报不确定性较风电出力预报不确定性更小，和光电出力的预报不确定相似。通过计算整个调度期内的风电出力和风光联合出力的方差，得到其值分别为 0.0644 和 0.0279，风光联合出力预报不确定性较风电出力预报不确定性减少了 56.7%，表明风光联合出力较风电或光电单一能源出力具有一定优势。

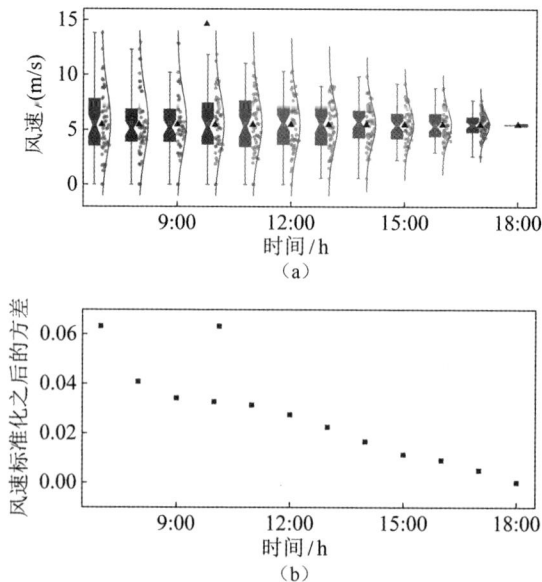

（a）

（b）

图 5.14（一）　不同时段对 18:00 做的风速和太阳辐射的预报及其相应的不确定性

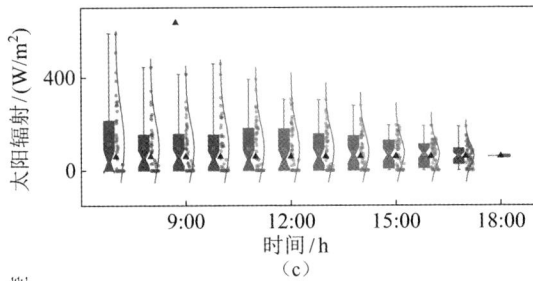

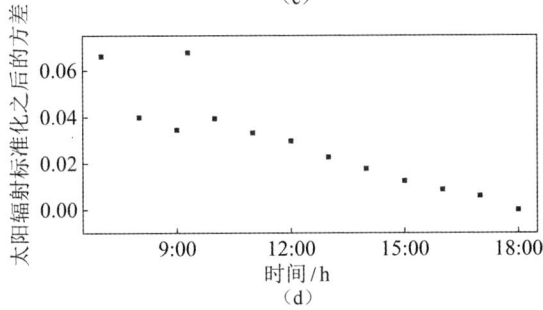

图 5.14（二）　不同时段对 18:00 做的风速和太阳辐射的预报及其相应的不确定性

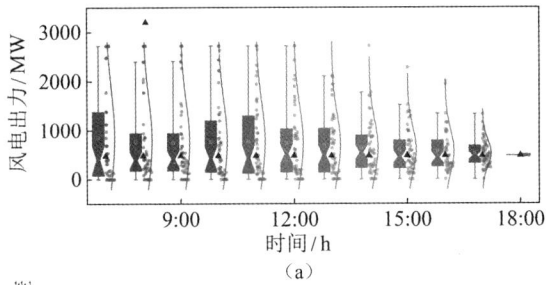

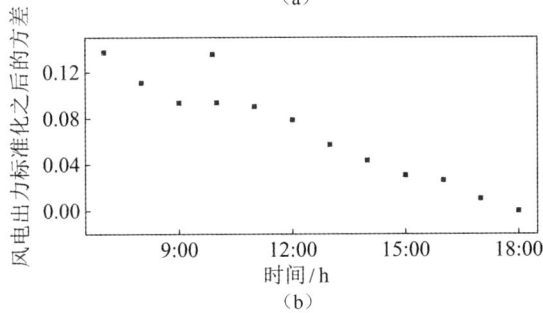

图 5.15（一）　不同时段对 18:00 做的风电和光电出力的预报及其相应的不确定性

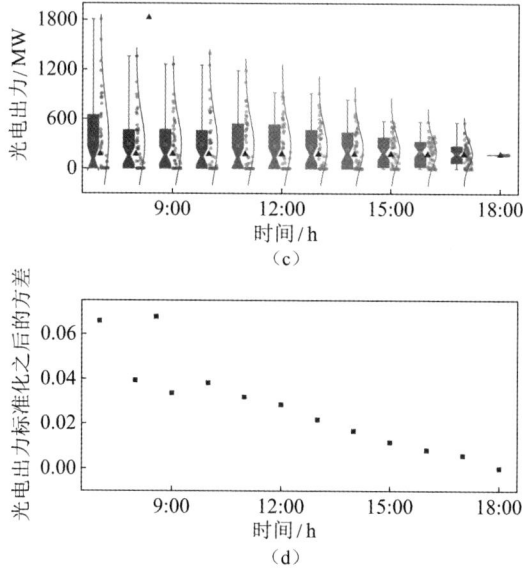

图 5.15（二）　不同时段对 18:00 做的风电和光电出力的预报及其相应的不确定性

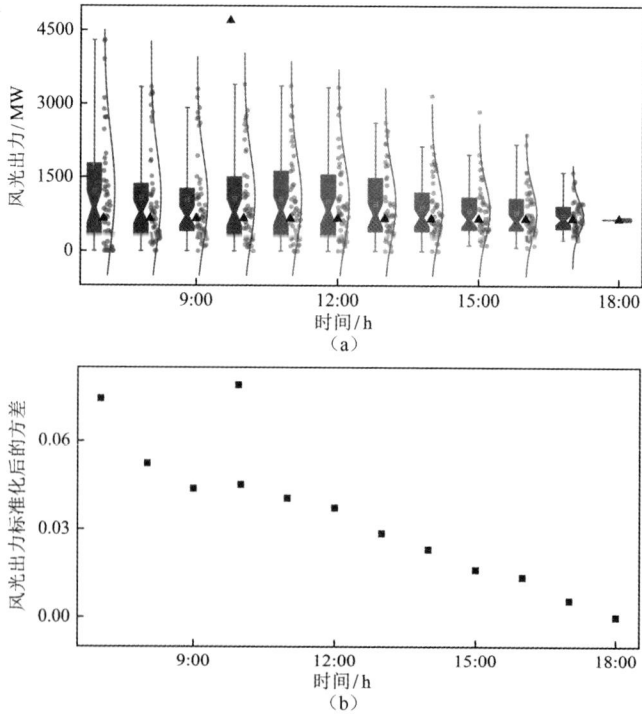

图 5.16　不同时段对 18:00 做的风光出力的预报及其相应的不确定性

为了进一步分析预报更新对于水电补偿风光出力的重要作用，本节使用 5.2 节建立的随机规划模型进行滚动调度，得出 7:00—18:00 的整个调度期的缺电率和相应的缺电期望值，如图 5.17 所示。从图 5.17 可以看出，随着气象预报的不断更新，水电补偿风光的缺电率和缺电期望值逐渐降低，表明随着气象预报可获取信息不断增多，气象预报滚动更新可以提高整个风光水电系统的安全性，这也说明了预报信息的更新对于水电补偿风光联合出力的重要性。

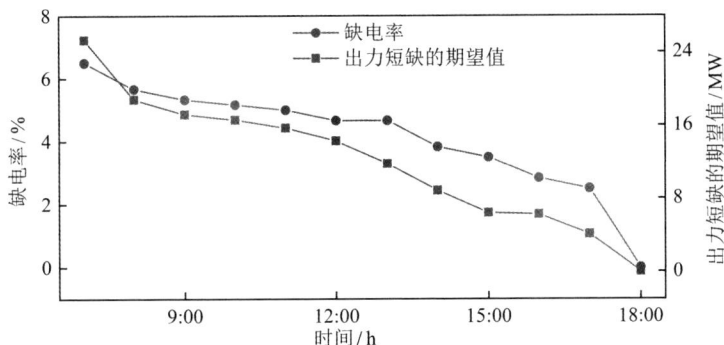

图 5.17　不同时段水电补偿风光出力后的缺电率和相应的缺电期望值

5.3.4　不同场景下水电补偿风光不稳定出力的能力

为了进一步探讨水电补偿不稳定风光出力的调节能力，本节选取了春季不同典型场景进行预报模拟，具体场景分别为"晴天-大风""晴天-小风""阴天-大风""阴天-小风"四种典型场景，具体出力情况如图 5.18 所示。使用 5.2 节建立的随机规划模型进行补偿调度，计算得到不同场景缺电率和缺电期望值，如图 5.19 所示。通过统计整个调度期的缺电率，得到缺电率最小的场景是"晴天-大风"，为 6.5%，如图 5.19（a）所示；其次是"晴天-小风"，为 21%，如图 5.19（b）所示；"阴天-大风"的缺电率为 30.3%，如图 5.19（c）所示；缺电率最大的是"阴天-小风"，为 56.2%，如图 5.19（d）所示。从图 5.19 可以看出，一般存在缺电情况是在日落和日出期间，此时太阳辐射较弱，光电出力较小，通过水电以其补偿能力进行补偿后，仍存在缺电现象。但是，相比于给定负荷4000MW，使用水电补偿后的四个典型场景的缺电期望值是比较小的，这也表明水电对于补偿风光系统的不稳定出力具有重要作用。

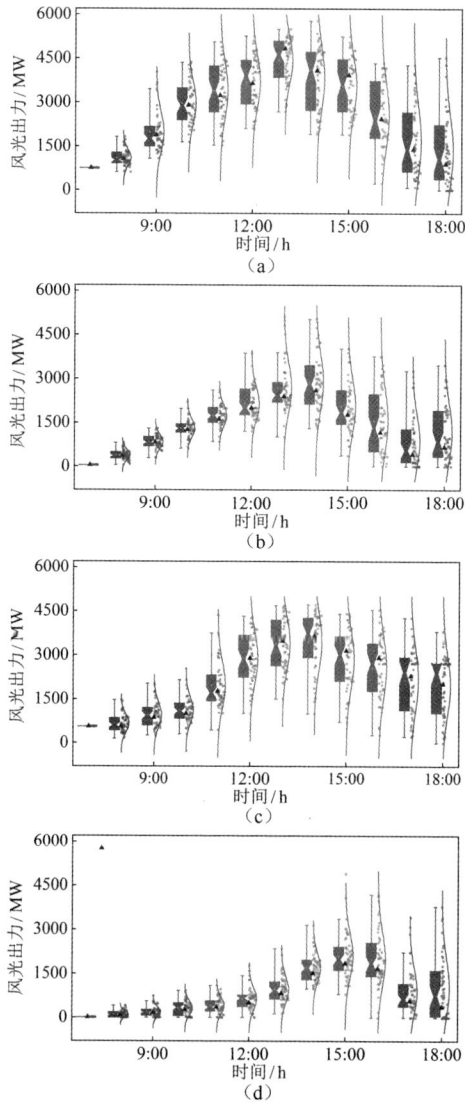

图5.18　春季不同场景7:00—18:00的风光联合出力情况

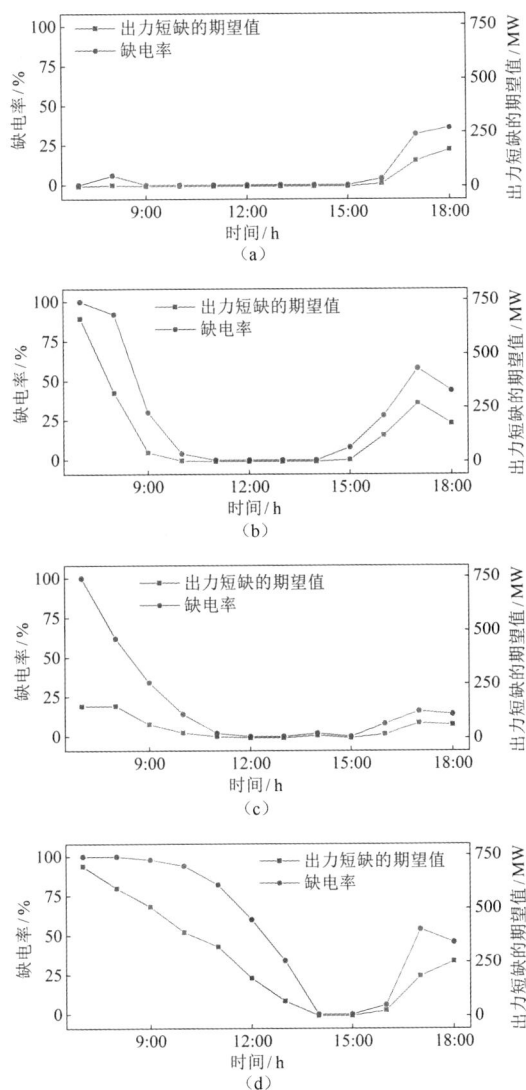

图 5.19 春季不同场景下水电补偿风光出力后的缺电率和缺电期望值

5.4 本 章 小 结

本章在第 4 章两阶段群决策得到风光水电长期调度计划基础上，将长期调度计划的水库水位作为本章短期联合运行的边界条件，进行了耦合风光联合出力预报不确定性的风光水电系统联合运行及风险分析研究。首先提出了描述风光出力预报不确定性动态演进的通用鞅模型（GMMFE），然后结合随机优化调度理论，构建了耦合风光出力预报不确定性动态演进的风光水电系统短期随机优化调度模型，最后揭示了风电或光电从单一能源出力预报不确定性到风光联合出力预报不确定性的动态演化机制，以及由于预报不确定性导致水电补偿后出力存在短缺的风险过程。本章还以雅砻江流域风光水电系统为例进行实例研究，主要研究结论有以下几点。

（1）GMMFE 模型可以很好地模拟风速和太阳辐射预报不确定性随着预见期的增加而不断增加的趋势，且随着气象预报可获取信息增多，气象预报滚动更新，风速和太阳辐射预报的不确定性会不断的减小。

（2）当风速介于切入风速和额定风速时，从风速到风电出力的不确定性会增加；当风速小于切入风速时或者大于额定风速时，从风速到风电出力的不确定性会减小；太阳辐射和光电出力的不确定性几乎一致。

（3）从风电或光电单一能源出力到风光联合出力过程中，风、光联合出力不确定性较风电出力不确定性减小，较光电出力不确定性具有增加趋势。使用水电出力补偿风光联合出力后，相较于未使用补偿，缺电风险减小程度可达到70%以上。

（4）水电补偿对不同场景下的风光联合出力的补偿能力不尽相同，对于"晴天-大风"场景下的补偿能力最好，其次是"晴天-小风"场景和"阴天-大风"场景，对"阴天-小风"场景的补偿能力最差。

第6章 展　　望

6.1　存　在　问　题

风光水多能互补运行优化调度涉及气象学、气候学、水文学、系统工程、统计学、最优化理论、经济学和计算机科学等多个领域，具有很强的多学科交叉特征，是跨学科研究的前沿领域。本书在传统水电调度理论的基础上，针对风光水多能互补优化调度及风险分析研究开展了初步探索，取得了一些成果。但受作者理论水平和时间的限制，部分工作还不够细致。结合当前国内外研究现状，风光水电系统在出力预报、短期优化调度和多属性决策研究方面得到了较好的发展，但是该研究方向仍处于发展阶段，基础理论和应用研究仍待进一步提高，存在的问题总结如下。

（1）现有研究大多集中于风光水电系统确定性建模，较少考虑预报不确定性条件下风光水电系统随机优化调度研究。实际上，风电和光电出力在短期尺度上受气象条件和地形条件等因素影响，且出力预报受输入条件和模型参数影响，其预报过程存在着一定的不确定性。因此，提出能考虑风电和光电出力预报不确定性的模型和构建风光水电系统随机优化调度模型是一个亟待解决的问题。

（2）现有研究大多集中于风光水电系统多属性决策确定性或模糊的环境当中，未能充分考虑决策群体偏好和指标值的不确定性。实际上，在风光水电系统决策中，决策者对于指标权重的主观判断可能存在冲突，不同客观赋权的方法对于指标权重不尽相同。随机优化调度之后得到的待决策指标值不再是简单的实数，表现为服从某个概率分布的随机变量等。因此，亟须提出能同时考虑风光水电系统指标权重和指标值双重不确定性的随机多属性决策模型。

6.2　下一步研究目标

针对风光水电系统短期多目标决策所面临的关键问题，以深度学习、系统工程、多目标优化、随机多属性决策等理论为基础，将风光水电系统"预报-调度-决策"全过程链作为一个整体开展系统性研究，深入研究风电和光电出力预报及其不确定性量化方法，提出能兼顾风光水电系统自身效益和电网安全、稳定运行的多目标随机优化调度模型与高效求解算法，建立风光水电系统多属性风险决策模型，从整体角度系统地揭示多重不确定性在风光水电系统"预报-调度-决策"全过程链中的动态演化机理。

6.3　下一步研究内容

统筹考虑风电和光电出力预报、短期调度和多属性决策的全过程，开展风光水电系统短期优化调度与风险动态演化机理研究。首先从风光水电系统短期调度的源头出发，构建风电和光电出力集合预报模型，在精确描述风电和光电出力预报不确定性；然后提出多重不确定性条件下风光水电系统随机多目标优化调度模型和基于多层嵌套的并行求解方法，以统筹风光水电系统效益和电力系统安全、稳定运行；最后提出风光水电系统随机多属性风险决策模型，以明晰决策风险前提下制定最佳调度方案；揭示多重不确定性在风光水电系统"预报-调度-决策"全过程链中的动态演化机理，为风光水电系统短期调度决策提供理论依据和技术支撑。

6.3.1　风电和光电出力预报及其不确定性量化

准确的出力预报是风光水电系统短期运行的前提和基础,是风光水电系统"预报-调度-决策"全过程链的首要环节。采用集合预报以延长风电和光电出力预见期并量化其不确定性,综合考虑风电和光电电站空间分布、数值模式分辨率等,对集合预报数据进行预处理;根据历史实测资料,对出力集合预报的性能进行综合评估,将预报效果明显差的集合成员剔除。从风电和光电系统气象因子与其出力的关系出发,采用数据挖掘方法辨识影响风电和光电系统出力预报的关键因子集。根据历史气象和实际出力数据,构建基于改进的长短期记忆神经网络风光水电系统出力预报模型;采用分位数回归分析方法推求出力概率密度函数,以量化风电和光电出力预报不确定性,为风光水电系统短期优化调度提供输入。

6.3.2　多重不确定性条件下风光水电系统多能互补短期调度

流域风光水多能互补运行调度问题是一个高维度、非线性、多阶段、多目标优化问题,多目标随机优化调度是风光水电系统"预报-调度-决策"全过程链中的关键环节。根据 6.3.1 节得到的风电和光电出力概率预报结果,提出能够精确描述风电和光电出力预报不确定性的情景树构造方法。综合考虑风光水电系统效益和电网安全性两个目标,建立基于情景树的风光水电系统多目标随机优化调度模型;针对出力预报不确定性的影响,提出不确定性条件下 Pareto 前沿的描述方法。引入云计算技术、并行求解技术和高性能多目标求解算法,设计可有效改善智能算法收敛性能个体、种群间信息交互和通信机制,提出基于云计算的多层嵌套流域风光水电系统并行求解方法。

6.3.3 多重不确定性条件下风光水电系统多属性风险决策

风光水电系统调度方案制定涉及多个冲突的目标和不同利益的决策群体，且在 6.3.2 节随机优化调度得到的方案存在着不确定性，是典型的多属性风险决策问题，同时也是风光水电系统"预报-调度-决策"全过程链的最后一环。首先提出能够度量风光水电系统调度方案自身效益和安全性的指标，使用数理统计方法计算各个指标的概率分布；然后基于第 4 章建立的能够同时考虑决策矩阵和群体偏好不确定性的风光水电系统两阶段随机多属性决策模型，选出能显著降低决策失误风险的方案，揭示风险沿风光水电系统"预报-调度-决策"全过程链的动态演化机理。

6.4 拟解决的关键科学问题

为了达到上述研究目标，拟解决以下关键科学问题。

1. 出力预报不确定性条件下风光水电系统短期多目标决策

风光水电系统短期运行包括"预报-调度-决策"等多个环节，风电和光电短期出力精确预报是实现流域风光水电系统短期调度的重要基础。目前，关于风电和光电出力概率预报模型的研究较为成熟，但统筹考虑数值集合气象预报及其不确定性量化、随机多目标优化调度和随机多属性决策等研究于一体的研究较为薄弱，无法满足多重不确定性条件下风光水电系统短期多目标决策。因此，如何综合考虑风电和光电出力预报、随机优化调度、随机多属性决策等多重不确定性，建立风光水电系统"预报-调度-决策"全过程链的串联随机模型，满足风光水电系统短期多目标决策是拟解决的关键科学问题之一。

2. 多重不确定条件下风光水电系统"预报-调度-决策"全过程链的动态演化机理

风光水电系统短期运行包括出力预报、优化调度和多属性决策三个环节,出力预报受输入条件和模型参数影响,存在不确定性,导致整个过程链中各个环节存在相应的不确定性。目前,大多数研究仅关注风光水电系统运行"预报-调度-决策"全过程链中的一环或局限于确定性环境当中,难以全面评估风光水电系统"预报-调度-决策"全过程链各个环节当中的风险及其动态演化规律。因此,阐明风光水电系统短期调度全过程链的风险动态演化规律是拟解决的第二个关键科学问题。

6.5 拟采取的研究方案

6.5.1 研究对象及技术路线

研究对象为雅砻江流域清洁能源基地,包括下游已经投入生产运行的五座水电站:锦屏一级、锦屏二级、官地、二滩和桐子林水电站,以及水电站周边规划的 62 个风电站和 19 个光电站,流域概化如图 6.1 所示。

研究技术路线如图 6.2 所示。以风光水电系统集合预报及其不确定性为切入点,以风光水电系统多目标决策全过程链的出力预报、调度模型建模、多层级嵌套并行高效求解、风险决策等基础理论为核心,重点关注风电和光电出力预报及其不确定性量化(**研究内容 1**)、多重不确定性条件下风光水电系统多能互补短期调度(**研究内容 2**)和多重不确定性条件下风光水电系统多属性风险决策(**研究内容 3**)等问题,以期突破以往预报精度不高、多目标随机调度模型考虑不足、求解效率低、无法决策等壁垒,建立并发展风光水电系统短期调度全过程链体系。

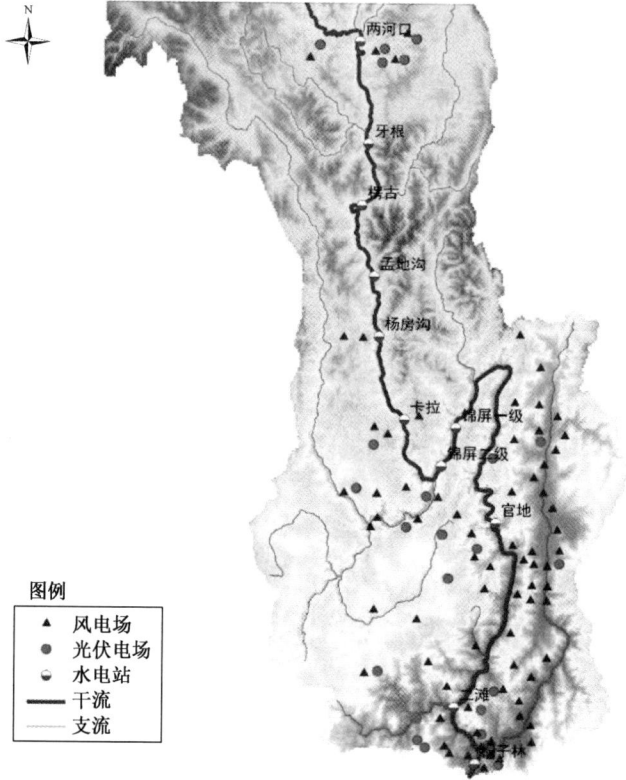

图 6.1　雅砻江流域概化图

6.5.2　风电和光电出力预报及其不确定性量化

首先对气象集合预报数据进行预处理，剔除明显劣的集合成员；然后建立基于数据驱动的输入因子筛选模型，以提高数据驱动出力预报模型的精度和稳健性；最后建立基于改进的长短期记忆神经网络高斯过程回归的风光出力概率预报方法，以量化风电和光电出力预报不确定性。具体研究方案如下。

1. TIGGE 集合预报数据

2003 年，世界气象组织（World Meteorological Organization，WMO）提出从 2005 年开始为期十年的全球气象研究计划（The Observing System Research and

Predictability Experiment），旨在提高天气预报水平，更好地为经济社会发展服务。

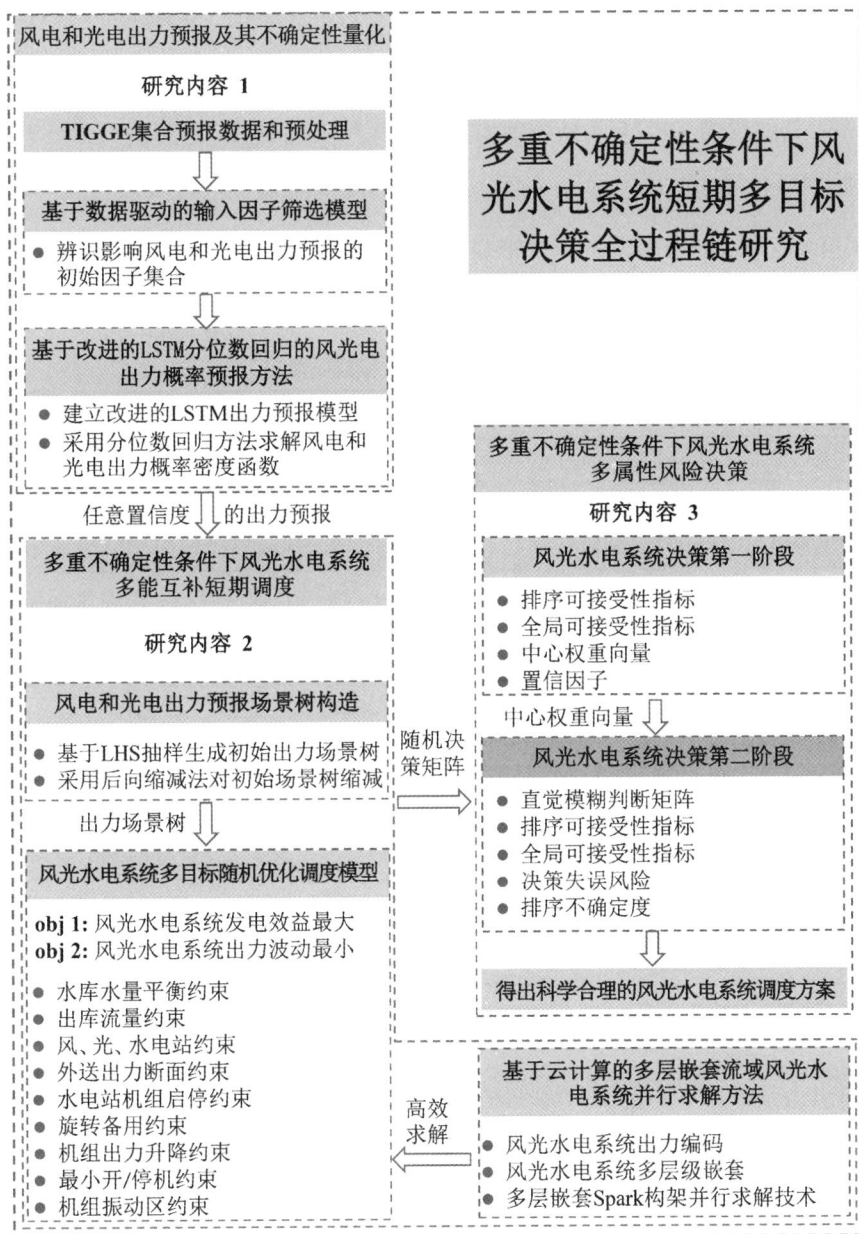

图 6.2　研究技术路线图

TIGGE（THORPEX Interactive Grand Global Ensemble）是 THORPEX 的核心组成部分，通过建立交互式预报系统，对世界各国/各地区气象预报部门的预报产品收集、检验和评估，进而推动集合预报领域内各国/各地区气象预报部门之间的合作，加速提高 1～14 天高影响天气的预报精度。目前，WMO 在全球共设立了三个 TIGGE 数据归档中心，分别为美国国家环境研究中心（NCEP）、中国气象局（CMA）和欧洲中期天气预报中心（ECMWF）。TIGGE 集合预报成员情况如表 6.1 所示。

表 6.1　TIGGE 集合预报成员情况

预报中心	预报成员数	每日发布时间	预报时长/天	开始日期
澳大利亚气象局（BOM）	32+1	00:00，12:00	10	2007 年 10 月
中国气象局（CMA）	14+1	06:00，12:00	16	2007 年 5 月
加拿大气象中心（CMC）	20+1	06:00，12:00	16	2007 年 10 月
巴西气候研究与气象预报中心（CPTEC）	14+1	00:00，12:00	15	2008 年 2 月
欧洲中期天气预报中心（ECMWF）	50+1	00:00，12:00	15	2006 年 10 月
日本气象厅（JMA）	50+1	12:00	9	2006 年 10 月
韩国气象厅（KMA）	23+1	00:00，12:00	10	2007 年 12 月
美国国家环境预报中心（NCEP）	20+1	00:00，06:00 12:00，18:00	16	2007 年 3 月
英国气象局（UKMO）	23+1	00:00，12:00	15	2006 年 10 月
法国气象局（Meteo-France）	34+1	06:00，18:00	4.5	2007 年 10 月

将 TIGGE 集合预报产品应用于风电和光电出力预报中，一方面可以量化风电和光电出力预报的不确定性，另一方面可以延长风电和光电出力预报的预见期，为电力系统实施调度决策赢得充足的时间。综合考虑研究流域内风电站和光伏电站空间位置、系统拓扑结构、数值模式分辨率等情况，对 TIGGE 集合预报数据进行预处理。具体是根据流域内气象站、水文站的历史实测风速、太阳辐射、气温、

降雨等资料，对集合预报的性能进行评估，剔除明显劣的集合成员。

2. 基于数据驱动的输入因子筛选模型

采用改进的长短期记忆神经网络对风电和光电出力与气象因子等关系建立映射关系，属于数据驱动的模型。选择合适的输入因子对于数据驱动的模型来说特别重要，这是确保风电和光电出力预报精度的前提条件。从气象因子-出力的物理机制出发，辨识影响风电和光电出力预报的初始因子集。对于风电出力来说，主要包括预报时刻前期风速、风向、温度，未来时刻的 TIGGE 风速、风向、温度等数据；对于光电出力预报来说，主要包括预报时刻前期太阳辐射、气温、风速、风向，未来时刻的 TIGGE 太阳辐射、气温、风速、风向等数据。

基于数据驱动的出力预报模型，在建立出力预报模型时如果能考虑相关性较强的因子，将有助于提高模型的预报精度。因此，在建立出力预报模型前，提前筛选出强相关性因子，降低弱相关因子造成的冗余和干扰，不仅能降低出力预报模型的复杂度和计算耗时，还能提高出力预报模型的性能。

鉴于此，可以引入粗糙集理论建立基于数据驱动的输入因子筛选模型。粗糙集理论是典型的基于知识挖掘型方法，它通过对所有的气象输入因子与预报出力之间的信息建立信息系统决策表来进行深度挖掘，随后建立基于等价关系的输入因子与预报出力的粗糙集模型，并采用遗传算法对差别矩阵进行求解，得到在不影响最终结果（即预报出力）的前提下剔除冗余的弱相关因子。

3. 基于改进的长短期记忆神经网络分位数回归的风光出力概率预报方法

传统的循环神经网络（Recurrent Neural Network，RNN）通常难以训练，且在循环多次以后可能存在梯度爆炸或梯度消失的问题。长短期记忆神经网络（Long Short-Term Memory，LSTM）是一种改进的 RNN，它不仅具有 RNN 的递归属性，还有独特的记忆和遗忘模式，如图 6.3（a）所示。LSTM 的工作方式与 RNN 基本相同，区别在于 LSTM 实现了一个更加细化的内部处理单元，来充分利用历史时间序列信息，目前在机器翻译、交通流量、水文预测等领域被广泛应用。

但是，传统的 LSTM 训练时间过长。为了在不降低 LSTM 预测性能的前提下降低其训练时间，下面提出一种改进的 LSTM 网络结构，如图 6.3（b）所示。改进 LSTM 具体是将当前输入和上一时刻输出进行卷积运算，进一步挖掘其内在联系。此外，将输入门和遗忘门用交叉耦合的共享门代替，减少系统固有变量，以有效降低网络训练时间。

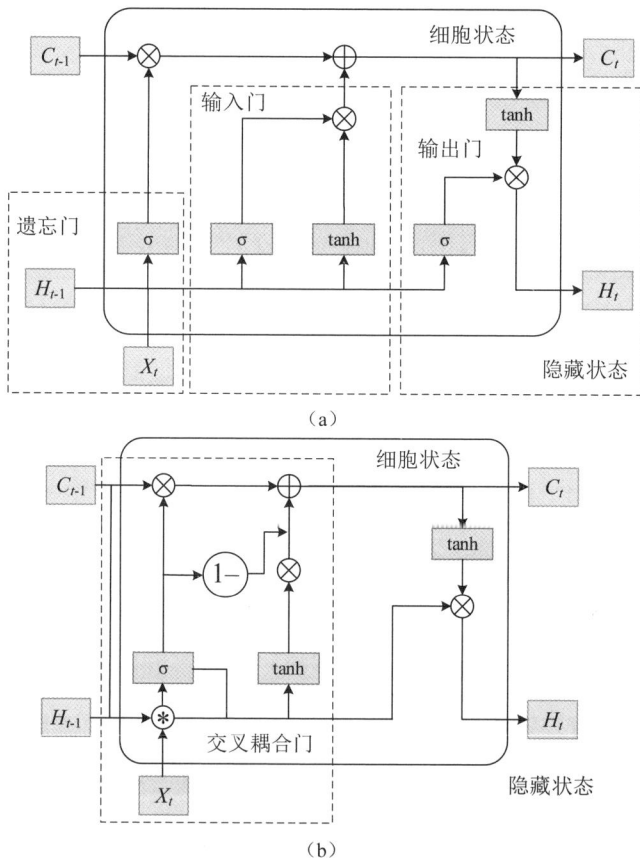

（a）

（b）

图 6.3 LSTM 和改进 LSTM 结构示意图

在此基础上，将改进的长短期记忆神经网络和分位数回归理论有机结合，提出基于改进的长短期记忆神经网络分位数回归的风电和光电出力概率预报方法，建立输入因子和出力之间的时空映射关系，采用分位数回归分析方法推求出力的概率密度函数，实现风电出力和光电出力概率预报。该方法的主要思路是采用分位数回归模型对改进的长短期记忆神经网络的交叉耦合、记忆、输出参数进行估计，从而得到风电和光电出力多个单点预测的结果，以进行出力概率密度估计，最后推求出预见期内各时刻出力的概率密度函数。模型的主要原理归纳如下。

样本 $Y = [Y_1, Y_2, \ldots, Y_N]$ 为模型输出变量，即预报出力，$X = [X_1, X_2, \ldots, X_N]$ 为模型输入变量，即影响风电和光电出力的关键因子集，N 为样本容量。改进长短期记忆神经网络分位数回归模型见下式：

$$R_Y(\tau | \boldsymbol{X}) = f(\boldsymbol{X}, \boldsymbol{W}(\tau), \boldsymbol{V}(\tau)) \tag{6.1}$$

式中，$\tau \in (0,1)$ 为分位数，$\boldsymbol{W}(\tau) = (w_{ij}(\tau))_{i=1,2,\ldots,I; j=1,2,\ldots,J}$ 为输入层与交叉耦合层之间的连接权重，i 为输入层节点数，j 为交叉耦合层节点数，$\boldsymbol{V}(\tau) = (v_{jk}(\tau))_{j=1,2,\ldots,J; k=1,2,\ldots,K}$ 为交叉耦合层和输出层之间的连接权重，k 为输出层节点数。

对改进的 LSTM 模型参数 $\boldsymbol{W}(\tau)$ 和 $\boldsymbol{V}(\tau)$ 估计的过程转化为优化问题进行求解，其目标函数见下式：

$$
\begin{aligned}
\min_{\boldsymbol{W}, \boldsymbol{V}} &\left\{ \sum_{i=1}^{N} \rho_\tau [Y_i - f(\boldsymbol{X}_i, \boldsymbol{W}, \boldsymbol{V})] + \lambda_1 \sum_{i,j} w_{ij}^2 + \lambda_2 \sum_i v_i^2 \right\} \\
= \min_{\boldsymbol{W}, \boldsymbol{V}} &\left[\sum_{i|Y_i \geq f(\boldsymbol{X}_i, \boldsymbol{W}, \boldsymbol{V})} \tau |Y_i - f(\boldsymbol{X}_i, \boldsymbol{W}, \boldsymbol{V})| + \sum_{i|Y_i < f(\boldsymbol{X}_i, \boldsymbol{W}, \boldsymbol{V})} (1-\tau) |Y_i - f(\boldsymbol{X}_i, \boldsymbol{W}, \boldsymbol{V})| \right] \\
&+ \lambda_1 \sum_{i,j} w_{ij}^2 + \lambda_2 \sum_i v_i^2
\end{aligned}
\tag{6.2}
$$

式中，λ_1 和 λ_2 为惩罚参数，防止模型在训练过程中过拟合。

进一步，采用 Adam 随机梯度下降法求解式（6.2）的优化问题，可以估计出带分位数条件的参数矩阵 $\boldsymbol{W}(\tau)$、$\boldsymbol{V}(\tau)$。将求解得到的参数矩阵 $\boldsymbol{W}(\tau)$、$\boldsymbol{V}(\tau)$ 代入式（6.1）和式（6.2）中，可以得到出力 Y 的条件分位数估计：

$$R_Y(\tau | \boldsymbol{X}) = f(\boldsymbol{X}, \boldsymbol{W}(\tau), \boldsymbol{V}(\tau)) \tag{6.3}$$

当 τ 在 $(0,1)$ 范围连续取值时，条件分位数曲线 $R_Y(\tau|\boldsymbol{X})$ 为出力 Y 的累积条件分布。随后，根据分布函数 $F(F^{-1}(\tau))=\tau$ 推导出出力 Y 的条件概率密度函数：

$$P(R_Y(\tau|\boldsymbol{X})) = \frac{\mathrm{d}\tau}{\mathrm{d}R_Y(\tau|\boldsymbol{X})} \tag{6.4}$$

对式（6.4）中的 $\boldsymbol{X}$ 和 τ 分别进行条件化和离散化操作，采用核密度估计可以得到 Y 的条件概率密度函数。将气象因子和出力代入上述模型，可以得出均值、中位数和任意置信度的风电和光电出力预报结果。

6.5.3 多重不确定性条件下风光水电系统多目标随机优化调度

本节首先在风电和光电出力集合预报基础上，研究能够精确描述风电和光电出力预报不确定性的情景树构造方法，为风光水电系统多目标随机优化调度提供输入条件；其次建立基于情景树的风光水电系统短期效益与风险协同优化调度模型；最后提出基于云计算的多层嵌套流域风光水电系统并行求解算法。具体研究方案如下。

1. 风电和光电出力预报场景树构造

风电和光电出力场景树构造是风光水电系统短期调度的前提。出力场景树构造的普遍难点是如何尽量以较少的场景逼近原始随机优化问题，这里面隐藏了两层信息：一是要尽可能还原原始优化问题；二是场景树规模不能太大，不然会给模型求解带来过大的计算负担，无法满足风光水电系统短期调度的时效性要求。

为了平衡场景树的还原程度和模型计算效率，下面分两步来构造出力场景树：首先通过抽样生成大量代表性较好的初始出力场景树；然后在保证精度的同时，对出力场景树规模进行缩减。

（1）初始场景树构造。根据风电和光电出力概率预报结果，采用拉丁超立方抽样生成初始风电和光电出力场景树。图 6.4 为出力场景树的结构示意图。出力场景树 $\{w_t^s\}_{t=1}^T (s=1,2,...,S)$ 为包含数目 S 个场景的集合，w_t^s 为第 s 个场景的第 t 个节点。出力场景树由节点和节点间的连线组成，初始时段的节点称为根节点，后续时段的节点为叶节点，每个出力场景均由初始根节点和后续叶节点以及它们之间的路径组成，表示整个调度期内预报出力随机过程的一个可能出现的场景。

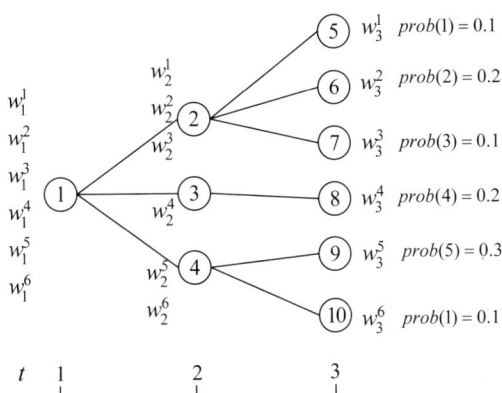

图 6.4　出力场景树结构示意图

（2）场景树缩减。采用后向缩减法（Backward Reduction，BR）对初始场景树进行缩减，主要思路是先把所有场景均保留在集合中，按照一定的顺序抽取一个场景到弃用集合当中。计算弃用集合和保留集合的距离，直到所有的场景都抽取过到弃用集合，并选择弃用集合和保留集合最小距离的那个场景加入弃用集合。不断重复上述步骤，直到弃用集合达到预先设定的场景数量为止。具体的步骤如下。

1）令初始所有场景均在集合 S 中，将所有场景按顺序分别编号，集合 $S=\{w^1,w^2,...,w^S\}$，弃用的集合 $J=J_0$ 为空集，开始时令 $k=0$。

2）计算初始场景树 P 和缩减场景树 Q 之间的 Kantorovich 距离：

$$D_K(P,Q)=\sum_{i\in J}p_i\min_{j\notin J}c_T(w_t^i,w_t^j)=\sum_{i\in J}p_i\min_{j\notin J}\sum_{t=1}^T\left\|w_t^i-w_t^j\right\| \tag{6.5}$$

式中，$\|\bullet\|$ 为实数空间中的范数。

3）更新经过删除场景后的其他场景的概率 p^{new}：

$$p^{new} = p_j + \sum_{i \in J(j)} p_i \qquad (6.6)$$

式中，p^{new} 为场景 j 更新后的概率，$j = 1, 2, \ldots, S$，S 为保留场景的数量。

4）不断重复上述步骤，直至弃用集合达到设定的规模。

2. 考虑风光出力预报不确定性的风光水电系统短期多目标随机优化调度模型

为了在优化过程中显式地考虑风电和光电出力预报不确定性，采用随机规划理论，以缩减后的场景树为作为随机规划模型的输入，建立风光水电系统多目标随机优化调度模型。目前，水电补偿风光联合出力一般是在非汛期，水电站入库径流变化不大。风光水电系统短期优化调度的本质是满足系统自身效益的同时系统风险最小的问题，在调度过程中，需要考虑的目标往往存在明显的竞争性与冲突性。一方面，为了确保风光水电系统自身效益，希望系统发电效益越大越好；另一方面，电网为了安全、稳定运行，希望风光水电系统外送出力尽可能平稳。为了协调上述冲突，构建多目标随机优化调度模型，以同时考虑风光水电系统自身发电效益最大和外送出力稳定两个优化目标。

（1）目标函数 1：风光水电系统发电效益包括售电收益、服务机组的辅助费用以及出力不足的惩罚费用。售电收益指的是竞价上网电价与电量之积，服务机组的辅助费用指的是为运行备用、无功备用以及旋转备用产生的费用，惩罚费用指的是在预报不确定性情况下，由于低估导致风光水电系统总出力达不到约定电量所产生的惩罚费用。计算式如下：

$$\max \ F_1 = \max\{B_S + B_{AS} - B_{pen}\} \qquad (6.7)$$

式中，B_S、B_{AS} 和 B_{pen} 分别为风光水电系统售电收益、辅助费用和惩罚费用。

售电收益的计算见下式：

$$B_S = \sum_{s=1}^{S} prob(s) \sum_{n=1}^{N} \sum_{t=1}^{T} f(E_{n,t}) \tag{6.8}$$

式中，S 为场景树规模，$prob(s)$ 为第 s 个场景发生的概率，N 为风光水电系统所有电站的数量，T 为调度期，$f(E_{n,t})$ 为第 n 个电站在第 t 时段的效益。其计算见下式：

$$f(E_{n,t}) = \begin{cases} pc_{n,t}Ec_{n,t} + p_{n,t}(E_{n,t} - Ec_{n,t}), & E_{n,t} \geqslant Ec_{n,t} \\ pc_{n,t}E_{n,t}, & E_{n,t} < Ec_{n,t} \end{cases} \tag{6.9}$$

式中，$pc_{n,t}$ 和 $p_{n,t}$ 分别为第 n 个电站在第 t 时段的合约电价和出清电价，$Ec_{n,t}$ 和 $E_{n,t}$ 分别为第 n 个电站在第 t 时段的合约电量和实际发电量。

辅助费用的计算见下式：

$$B_{AS} = \sum_{n=1}^{N} R_{sn} + \sum_{m=1}^{M} R_m \tag{6.10}$$

式中，R_{sn} 和 R_m 分别为旋转备用机组和非旋转备用机组的效益。

惩罚费用的计算见下式：

$$B_{pen} = \sum_{t=1}^{T} \sum_{j=1}^{J} kum_{j,t} Eum_{j,t} \tag{6.11}$$

式中，$kum_{j,t}$ 和 $Eum_{j,t}$ 分别为第 j 个电站在第 t 时段出力不足时的惩罚系数和欠发电量。

（2）目标函数 2：电网在多数情况下希望电源出力能尽可能的稳定以保证电网安全、稳定运行，以减少出力波动带来的风险，以风光水电系统出力波动最小为目标函数。具体见下式：

$$\min F_2 = \min \left\{ \sum_{s=1}^{S} prob(s) \sum_{t=1}^{T} \left[PPV_t + PW_t + PH_t \right]^2 \right\}^{1/2} \Bigg/ T \tag{6.12}$$

式中，F_2 为最小出力波动目标，PPV_t、PW_t 和 PH_t 分别为光伏电站、风电站和水电站第 t 时段出力。

约束条件主要考虑水库水量平衡、水库水位约束、出库流量约束、风光水电站出力约束、外送出力断面约束、水电站机组启停约束、旋转备用约束、机组出力升降约束、最小开/停机约束、机组振动区约束等。

3. 基于云计算的多层嵌套流域风光水电系统并行求解方法

多目标进化算法对于 Pareto 前沿不连续、不可微、非凸等情况均具有较好的鲁棒性，可以在运行一次得到完整的 Pareto 前沿，其应用较为广泛，这里拟采用 NSGA-III 算法对风光水电系统多目标模型进行求解。考虑到风光水电系统随机多目标优化调度具有高维度、非线性和多阶段等属性，求解时存在严重的"维数灾难"问题。近年来，云计算在国内外得到了快速发展，基于风光水电系统短期调度模型计算任务的并行特性，引入并行计算和云计算技术，提出基于云计算的多层嵌流域风光水电系统并行求解算法。

对于具体出力场景，由于风电和光电出力不可调节，其不存在调度的特性，因此可将风光水电系统解耦成风光子系统和水电子系统，风光水电系统多目标随机优化调度的编码转变为对梯级水电站系统进行编码，选择出力为决策变量，具体编码方式如图 6.5 所示。

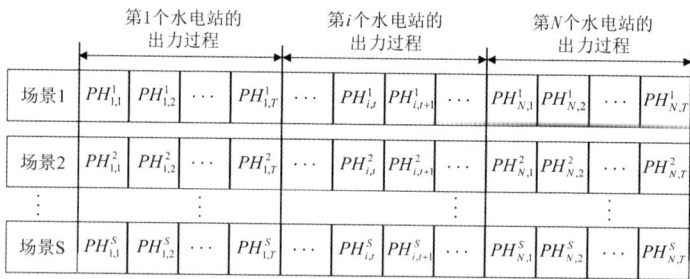

	第1个水电站的出力过程					第 i 个水电站的出力过程				第 N 个水电站的出力过程				
场景1	$PH_{1,1}^1$	$PH_{1,2}^1$	$\cdots$	$PH_{1,T}^1$	$\cdots$	$PH_{i,j}^1$	$PH_{i,j+1}^1$	$\cdots$		$PH_{N,1}^1$	$PH_{N,2}^1$	$\cdots$	$PH_{N,T}^1$
场景2	$PH_{1,1}^2$	$PH_{1,2}^2$	$\cdots$	$PH_{1,T}^2$	$\cdots$	$PH_{i,j}^2$	$PH_{i,j+1}^2$	$\cdots$		$PH_{N,1}^2$	$PH_{N,2}^2$	$\cdots$	$PH_{N,T}^2$
$\vdots$		$\vdots$				$\vdots$				$\vdots$			
场景S	$PH_{1,1}^S$	$PH_{1,2}^S$	$\cdots$	$PH_{1,T}^S$	$\cdots$	$PH_{i,j}^S$	$PH_{i,j+1}^S$	$\cdots$		$PH_{N,1}^S$	$PH_{N,2}^S$	$\cdots$	$PH_{N,T}^S$

图 6.5　风光水电系统出力编码方式示意图

对风光水电系统随机多目标优化调度模型进行分析，可从以下三个方面进行并行化处理：各出力场景之间互为独立，可先对场景进行分解；每个场景存在多个种群，可对场景内部的种群进行分解；每个种群存在多个个体，可对种群内部的个体进行分解，提出多层级嵌套并行计算方法，风光水电系统多层级嵌套结构示意图如图 6.6 所示。

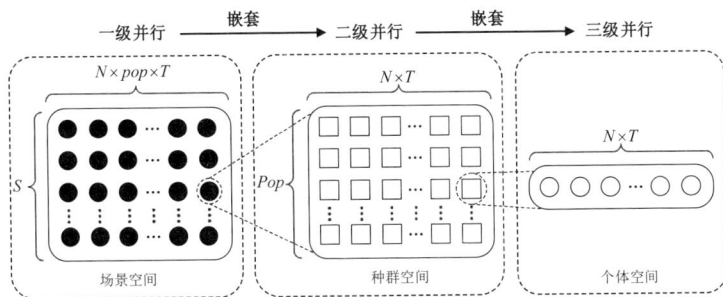

图 6.6　风光水电系统多层级嵌套结构示意图

考虑到风光水电系统多目标随机优化调度模型的并发特性，且云计算具有虚拟化、规模化整合以及高可靠性等特点，用户可以在任意位置使用终端的大规模计算资源，且其容错技术能保证计算节点同构可互换，由此提出基于云计算的多层嵌套的 Spark 模型的并行计算框架，如图 6.7 所示，具体是基于场景空间、种群空间和个体空间三个层面的并发特性，提出多层级嵌套并行计算方法，耦合 Spark 架构的弹性分布式数据集，提出基于云计算的多重嵌套的并行求解算法，如图 6.8 所示，从而，实现大规模复杂流域风光水多能互补优化调度模型的高效并行求解。

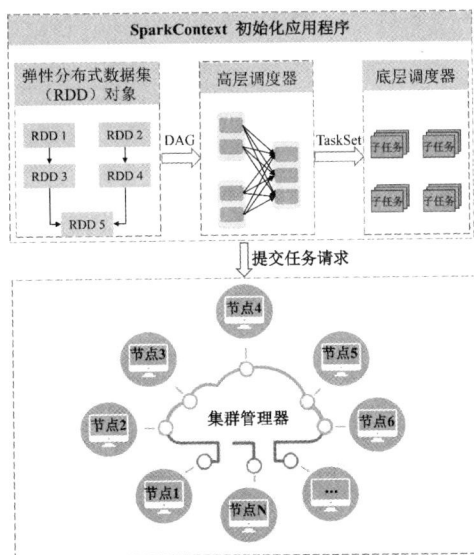

图 6.7　多层嵌套 Spark 模型并行计算框架

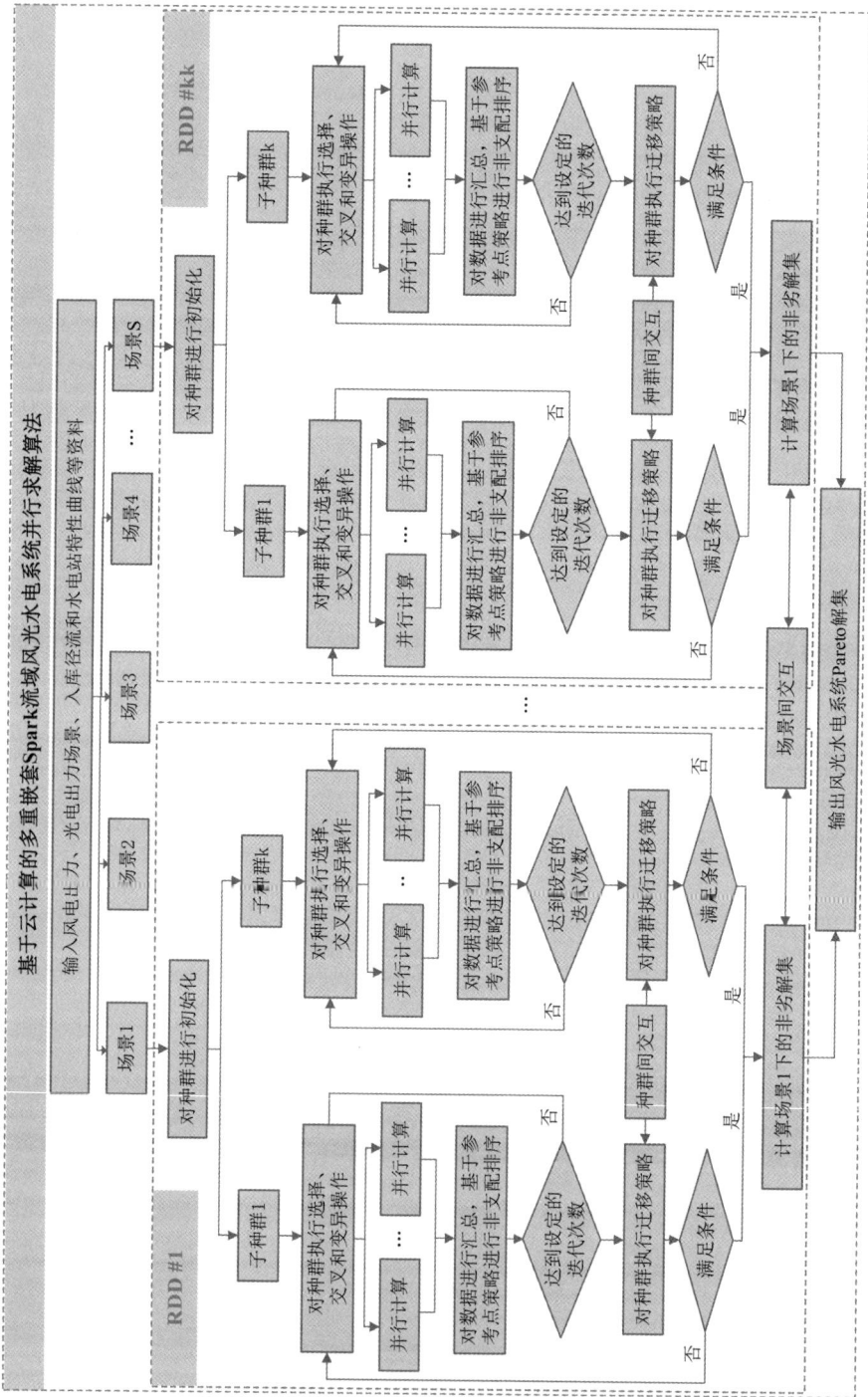

图 6.8 基于云计算的多重嵌套的并行求解算法

6.5.4　多重不确定性条件下风光水电系统随机多属性决策

风光水电系统调度方案的制定涉及风能、光能、水能和群体决策等多个学科的知识，需要决策群体同时熟悉多学科，决策者要制定科学合理的调度方案较为困难。决策者在决策初期受自身知识水平影响，对于各个指标权重认识不够清楚，可能面临不能直接给定指标权重信息的困境，甚至指标权重信息完全未知。随着决策的进行，决策群体对于指标权重信息认识逐渐清晰，能够给出部分或者模糊的权重信息。由于受到风电和光电出力预报不确定性影响，因此 6.5.3 节短期调度得到的指标值不再是一个常量，即多属性决策中各个指标是服从某一分布的随机变量。鉴于此，本节采用第 4 章提出的风光水电系统两阶段随机多属性决策方法进行决策，并对风光水电系统调度决策后的方案进行可靠性分析。

在确定性的决策环境下，将确定性的权重向量和决策矩阵输入 VIKOR 模型，对于每个方案可以输出唯一的贴近度系数作为排序依据。然而，受出力预报和指标权重向量等多重不确定性影响，风光水电系统多属性决策模型输出的各个方案的贴近度系数不再是一个常量，而是一个在其均值附近波动的随机变量，其随机贴近度系数示意图如图 6.9 所示。

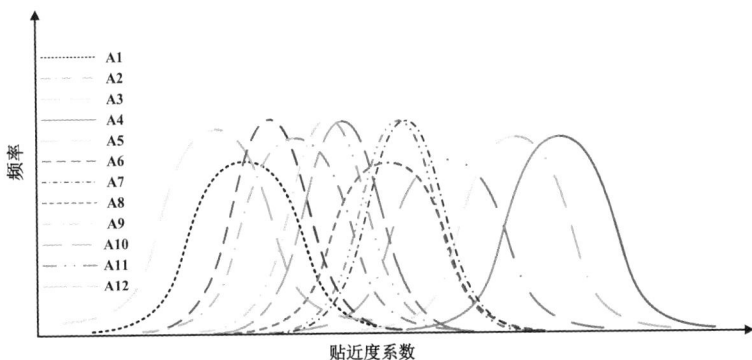

图 6.9　随机贴近度系数示意图

由图 6.9 可知，受不确定性因素影响，任何方案都有一定概率获得比原来的排名更好或者更差的排序，如果直接根据确定性的 VIKOR 模型获得的确定的排序，将有一定概率造成决策失误风险。因此，本节提出决策失误风险（the Risk of Decision-Making Errors）和排序不确定度（Rank Uncertainty Degree，RUD）两个统计指标对风光水电系统风险决策结果的不确定性进行定量评估。

（1）决策失误风险 P_f。它是排序靠后的方案由于随机因素的干扰获得最优排序的概率，其计算见下式：

$$P_f = \sum_{k=2}^{m} \beta_k b_k^1 \qquad (6.13)$$

式中，b_k^1 为全局可接受性指标排序为 k 的方案获得第一排序的可接受性指标，$\beta_k = \dfrac{k}{\sum_{k=2}^{m} k}$ 为风险权重，可以看出，排序越靠后的方案赋予的权重越大。

由式（6.13）可知，该指标只描述了非最优方案获得排序第一的不确定性，没有考虑该方案获得其他排序的不确定性。因此，进一步提出 RUD 指标来描述风险决策的整体不确定性程度。

（2）排序不确定度 RUD。它是各个方案获得其自身排序以外其他任意排序的可接受性指标之和，其计算见下式：

$$RUD = \sum_{i=1}^{m} \sum_{\substack{r=1 \\ r \neq S_i}}^{m} b_i^r = \sum_{i=1}^{m} \sum_{r=1}^{m} b_i^r - \sum_{i=1}^{m} b_i^{S_i} = m - \sum_{i=1}^{m} b_i^{S_i} \qquad (6.14)$$

式中，S_i 表示方案 A_i 根据全局可接受性指标 a_m^h 获得的排序。

参 考 文 献

[1] https://www.irena.org/Statistics.

[2] 王浩，王旭，雷晓辉，等. 梯级水库群联合调度关键技术发展历程与展望[J].
     水利学报，2019，50（1）：25-37.

[3] 马小莉. 流域风光水多能源互补特性及预测的不确定性研究[D]. 郑州：华北
     水利水电大学，2020.

[4] SARKAR T, BHATTACHARJEE A, SAMANTA H, et al. Optimal design and
     implementation of solar PV-wind-biogas-VRFB storage integrated smart hybrid
     microgrid for ensuring zero loss of power supply probability[J]. Energy
     Conversion and Management, 2019, 191: 102-118.

[5] SHANER M R, DAVIS S J, LEWIS N S, et al. Correction: Geophysical
     constraints on the reliability of solar and wind power in the United States[J].
     Energy & Environmental Science, 2018, 11(4): 997.

[6] https://www.irena.org/Statistics.

[7] TANG Y, FANG G, TAN Q, et al. Optimizing the sizes of wind and photovoltaic
     power plants integrated into a hydropower station based on power output
     complementarity[J]. Energy Conversion and Management, 2020, 206: 112465.

[8] LIU W, ZHU F, ZHAO T, et al. Optimal stochastic scheduling of hydropower-
     based compensation for combined wind and photovoltaic power outputs[J].
     Applied Energy, 2020, 276: 115501.

[9] ZHANG H, LU Z, HU W, et al. Coordinated optimal operation of hydro–wind–solar integrated systems[J]. Applied Energy, 2019, 242: 883-896.

[10] MING B, LIU P, GUO S, et al. Robust hydroelectric unit commitment considering integration of large-scale photovoltaic power: A case study in China[J]. Applied Energy, 2018, 228: 1341-1352.

[11] ZHU F, ZHONG P, XU B, et al. Short-term stochastic optimization of a hydro-wind-photovoltaic hybrid system under multiple uncertainties[J]. Energy Conversion and Management, 2020, 214: 112902.

[12] WANG Y, ZHAO M, CHANG J, et al. Study on the combined operation of a hydro-thermal-wind hybrid power system based on hydro-wind power compensating principles[J]. Energy Conversion and Management, 2019, 194: 94-111.

[13] JACOBSON M Z. Review of solutions to global warming, air pollution, and energy security[J]. Energy & Environmental Science, 2009, 2(2): 148-173.

[14] HAN S, ZHANG L, LIU Y, et al. Quantitative evaluation method for the complementarity of wind–solar–hydro power and optimization of wind–solar ratio[J]. Applied Energy, 2019, 236: 973-984.

[15] ZHANG Z, QIN H, LIU Y, et al. Long Short-Term Memory Network based on Neighborhood Gates for processing complex causality in wind speed prediction[J]. Energy Conversion and Management, 2019, 192: 37-51.

[16] HAN S, QIAO Y, YAN J, et al. Mid-to-long term wind and photovoltaic power generation prediction based on copula function and long short term memory network[J]. Applied Energy, 2019, 239: 181-191.

[17] LIU W, ZHU F, CHEN J, et al. Multi-objective optimization scheduling of

wind–photovoltaic–hydropower systems considering riverine ecosystem[J]. Energy Conversion and Management, 2019, 196: 32-43.

[18] ZHU F, ZHONG P, SUN Y, et al. Real-time optimal flood control decision making and risk propagation under multiple uncertainties[J]. Water Resources Research, 2017, 53(12): 10635-10654.

[19] TAN Q, WEN X, SUN Y, et al. Evaluation of the risk and benefit of the complementary operation of the large wind-photovoltaic-hydropower system considering forecast uncertainty[J]. Applied Energy, 2021, 285: 116442.

[20] WANG X, MEI Y, KONG Y, et al. Improved multi-objective model and analysis of the coordinated operation of a hydro-wind-photovoltaic system[J]. Energy, 2017, 134: 813-839.

[21] WESCHENFELDER F, DE NOVAES PIRES LEITE G, ARAÚJO DA COSTA A C, et al. A review on the complementarity between grid-connected solar and wind power systems[J]. Journal of Cleaner Production, 2020, 257: 120617.

[22] SCHMIDT J, CANCELLA R, PEREIRA A O. An optimal mix of solar PV, wind and hydro power for a low-carbon electricity supply in Brazil[J]. Renewable Energy, 2016, 85: 137-147.

[23] JURASZ J, BELUCO A, CANALES F A. The impact of complementarity on power supply reliability of small scale hybrid energy systems[J]. Energy, 2018, 161: 737-743.

[24] MONFORTI F, HULD T, BODIS K, et al. Assessing complementarity of wind and solar resources for energy production in Italy.A Monte Carlo approach[J]. Renewable Energy, 2014, 63(mar.): 576-586.

[25] DENAULT M, DUPUIS D, COUTURE-CARDINAL S. Complementarity of

hydro and wind power: Improving the risk profile of energy inflows[J]. Energy Policy, 2009, 37(12): 5376-5384.

[26]　BETT P E, THORNTON H E. The climatological relationships between wind and solar energy supply in Britain[J]. Renewable Energy, 2016, 87: 96-110.

[27]　SILVA A R, PIMENTA F M, ASSIREU A T, et al. Complementarity of Brazil's hydro and offshore wind power[J]. Renewable and Sustainable Energy Reviews, 2016, 56: 413-427.

[28]　徐维超. 相关系数研究综述[J]. 广东工业大学学报，2012，29（3）：12-17.

[29]　EMBRECHTS P, MCNEIL A, STRAUMANN D. Correlation and dependence in risk management: properties and pitfalls[J]. Risk Management: Value at Risk and Beyond, 2002, 1: 176-223.

[30]　MYERS J L, WELL A, LORCH R F. Research design and statistical analysis[M]. Routledge, 2010.

[31]　WIDEN J. Correlations between large-scale solar and wind power in a future scenario for Sweden[J]. IEEE Transactions on Sustainable Energy, 2011, 2(2): 177-184.

[32]　LIU Y, XIAO L, WANG H, et al. Analysis on the hourly spatiotemporal complementarities between China's solar and wind energy resources spreading in a wide area[J]. Science China Technological Sciences, 2013, 56(3): 683-692.

[33]　ZHOU H, WU H, YE C, et al. Integration capability evaluation of wind and photovoltaic generation in power systems based on temporal and spatial correlations[J]. Energies, 2019, 12(1): 171.

[34]　SANTOS-ALAMILLOS F J, POZO-VÁZQUEZ D, RUIZ-ARIAS J A, et al. Combining wind farms with concentrating solar plants to provide stable

renewable power[J]. Renewable Energy, 2015, 76: 539-550.

[35] LI Y, AGELIDIS V G, SHRIVASTAVA Y. Wind-solar resource complementarity and its combined correlation with electricity load demand, 2009[C]. IEEE, 2009.

[36] DOS ANJOS P S, DA SILVA A S A, STO V S I C B, et al. Long-term correlations and cross-correlations in wind speed and solar radiation temporal series from Fernando de Noronha Island, Brazil[J]. Physica A: Statistical Mechanics and its Applications, 2015, 424: 90-96.

[37] BELUCO A, DE SOUZA P K, KRENZINGER A. A method to evaluate the effect of complementarity in time between hydro and solar energy on the performance of hybrid hydro PV generating plants[J]. Renewable Energy, 2012, 45: 24-30.

[38] KAHN E. The reliability of distributed wind generators[J]. Electric Power Systems Research, 1979, 2(1): 1-14.

[39] 冉晓洪, 苗世洪, 刘阳升, 等. 考虑风光荷联合作用下的电力系统经济调度建模[J]. 中国电机工程学报, 2014（16）: 2552-2560.

[40] ZHU J, XIONG X, XUAN P. Dynamic economic dispatching strategy based on multi-time-scale complementarity of various heterogeneous energy[J]. DEStech Transactions on Environment, Energy and Earth Sciences, 2018(appeec).

[41] BESSA R J, MIRANDA V, BOTTERUD A, et al. Time adaptive conditional kernel density estimation for wind power forecasting[J]. IEEE Transactions on Sustainable Energy, 2012, 3(4): 660-669.

[42] 章国勇. 风电功率预测区间评估及其并网发电调度研究[D]. 武汉:华中科技大学, 2015.

[43] BREMNES J B O R. Probabilistic wind power forecasts using local quantile regression[J]. Wind Energy: An International Journal for Progress and

Applications in Wind Power Conversion Technology, 2004, 7(1): 47-54.

[44] TAYLOR J W, MCSHARRY P E, BUIZZA R. Wind power density forecasting using ensemble predictions and time series models[J]. IEEE Transactions on Energy Conversion, 2009, 24(3): 775-782.

[45] PINSON P, KARINIOTAKIS G. On-line assessment of prediction risk for wind power production forecasts[J]. Wind Energy, 2004, 7(2): 119-132.

[46] 阎洁，刘永前，韩爽，等. 分位数回归在风电功率预测不确定性分析中的应用[J]. 太阳能学报，2013，34（12）：2101-2107.

[47] PAPPALA V S, ERLICH I, ROHRIG K, et al. A stochastic model for the optimal operation of a wind-thermal power system[J]. IEEE Transactions on Power Systems, 2009, 24(2): 940-950.

[48] WANG W, LI C, LIAO X, et al. Study on unit commitment problem considering pumped storage and renewable energy via a novel binary artificial sheep algorithm[J]. Applied Energy, 2017, 187: 612-626.

[49] LIU B, LUND J R, LIAO S, et al. Optimal power peak shaving using hydropower to complement wind and solar power uncertainty[J]. Energy Conversion and Management, 2020, 209: 112628.

[50] YANG Y, ZHOU J, LIU G, et al. Multi-plan formulation of hydropower generation considering uncertainty of wind power[J]. Applied Energy, 2020, 260: 114239.

[51] ZHANG J, CHENG C, YU S, et al. Sharing hydropower flexibility in interconnected power systems: A case study for the China Southern power grid[J]. Applied Energy, 2021, 288: 116645.

[52] LI F, QIU J. Multi-objective optimization for integrated hydro–photovoltaic

power system[J]. Applied Energy, 2016, 167: 377-384.

[53] ZHU F, ZHONG P, SUN Y, et al. A coordinated optimization framework for long-term complementary operation of a large-scale hydro-photovoltaic hybrid system: Nonlinear modeling, multi-objective optimization and robust decision-making[J]. Energy Conversion and Management, 2020, 226: 113543.

[54] XU B, ZHU F, ZHONG P, et al. Identifying long-term effects of using hydropower to complement wind power uncertainty through stochastic programming[J]. Applied Energy, 2019, 253: 113535.

[55] YANG Z, LIU P, CHENG L, et al. Deriving operating rules for a large-scale hydro-photovoltaic power system using implicit stochastic optimization[J]. Journal of Cleaner Production, 2018, 195: 562-572.

[56] MING B, LIU P, GUO S, et al. Hydropower reservoir reoperation to adapt to large-scale photovoltaic power generation[J]. Energy, 2019, 179: 268-279.

[57] LI H, LIU P, GUO S, et al. Long-term complementary operation of a large-scale hydro-photovoltaic hybrid power plant using explicit stochastic optimization[J]. Applied Energy, 2019, 238: 863-875.

[58] 吴昊，纪昌明，蒋志强，等. 梯级水库群发电优化调度的大系统分解协调模型[J]. 水力发电学报，2015（11）：40-50.

[59] 周涛. 考虑不确定性和边际效用的黑河中游生态调度研究[D]. 南京：河海大学，2020.

[60] 陈杰. 基于大系统分解协调理论的风水火电站联合调度优化[D]. 北京：华北电力大学，2015.

[61] 董增川. 大系统分解原理在库群优化调度中的应用[D]. 南京：河海大学，1986.

[62] DURAN H, PUECH C, DIAZ J, et al. Optimal operation of multireservoir systems using an aggregation-decomposition approach[J]. IEEE Transactions on Power Apparatus and Systems, 1985(8): 2086-2092.

[63] 张靖文. 基于数据驱动方法的水库调度研究[D]. 武汉：武汉大学，2019.

[64] 郭生练，何绍坤，陈柯兵，等. 长江上游巨型水库群联合蓄水调度研究[J]. 人民长江，2020，51（1）：6-10.

[65] 蔡毅，邢岩，胡丹. 敏感性分析综述[J]. 北京师范大学学报（自然科学版），2008.

[66] 钟平安，唐林.水库优化调度遗传算法参数的灵敏性分析[J]. 水力发电，2010（11）：13-16.

[67] KAPSALI M, ANAGNOSTOPOULOS J S, KALDELLIS J K. Wind powered pumped-hydro storage systems for remote islands: A complete sensitivity analysis based on economic perspectives[J]. Applied Energy, 2012, 99: 430-444.

[68] GONG W, DUAN Q, LI J, et al. Multiobjective adaptive surrogate modeling-based optimization for parameter estimation of large, complex geophysical models[J]. Water Resources Research, 2016, 52(3): 1984-2008.

[69] CASTELLETTI A, PIANOSI F, SONCINI-SESSA R, et al. A multiobjective response surface approach for improved water quality planning in lakes and reservoirs[J]. Water Resources Research, 2010, 46(6): 666-669.

[70] LI X, WEI J, LI T, et al. A parallel dynamic programming algorithm for multi-reservoir system optimization[J]. Advances in Water Resources, 2014, 67: 1-15.

[71] MA Y, ZHONG P, XU B, et al. Multidimensional parallel dynamic programming algorithm based on spark for large-scale hydropower systems[J]. Water

Resources Management, 2020, 34(11): 3427-3444.

[72]   WU B, WU G, YANG M. A mapreduce based ant colony optimization approach to combinatorial optimization problems, 2012[C]. IEEE, 2012.

[73]   杨光，郭生练，刘攀，等. PA-DDS 算法在水库多目标优化调度中的应用[J]. 水利学报，2016（6）：789-797.

[74]   SRINIVAS N, DEB K.Muiltiobjective optimization using nondominated sorting in genetic algorithms[J]. Evolutionary Computation, 1994, 2(3): 221-248.

[75]   DEB K, PRATAP A, AGARWAL S, et al. A fast and elitist multiobjective genetic algorithm: NSGA-Ⅱ[J]. IEEE Transactions on Evolutionary Computation, 2002, 6(2): 182-197.

[76]   DEB K, JAIN H. An evolutionary many-objective optimization algorithm using reference-point-based nondominated sorting approach, part Ⅰ: solving problems with box constraints[J]. IEEE Transactions on Evolutionary Computation, 2014, 18(4): 577-601.

[77]   TIAN Y, CHENG R, ZHANG X Y, et al. An indicator-based multiobjective evolutionary algorithm with reference point adaptation for better versatility[J]. IEEE Transactions on Evolutionary Computation, 2018, 22(4): 609-622.

[78]   王本德，周惠成，程春田. 梯级水库群防洪系统的多目标洪水调度决策的模糊优选[J]. 水利学报，1994（2）：31-39.

[79]   金菊良，王文圣，洪天求，等.流域水安全智能评价方法的理论基础探讨[J]. 水利学报，2006，37（8）：918-925.

[80]   陈守煜，袁晶瑄，郭瑜. 可变模糊决策理论及其在水库防洪调度决策中应用[J]. 大连理工大学学报，2008，48（2）：259-262.

[81]   申海，解建仓，罗军刚，等. 直觉模糊集的水库洪水调度多属性组合决策方

法及应用[J]. 西安理工大学学报，2012，28（1）：56-61.

[82] PERERA A T D, ATTALAGE R A, PERERA K K C K, et al. A hybrid tool to combine multi-objective optimization and multi-criterion decision making in designing standalone hybrid energy systems[J]. Applied Energy, 2013, 107: 412-425.

[83] SÁNCHEZ-LOZANO J M, GARCÍA-CASCALES M S, LAMATA M T. GIS-based onshore wind farm site selection using fuzzy multi-criteria decision making methods.Evaluating the case of Southeastern Spain[J]. Applied Energy, 2016, 171: 86-102.

[84] 卢有麟. 流域梯级大规模水电站群多目标优化调度与多属性决策研究[D]. 武汉：华中科技大学，2012.

[85] KANG H, HUNG M, PEARN W L, et al. An integrated multi-criteria decision making model for evaluating wind farm performance[J]. Energies, 2011, 4(11): 2002-2026.

[86] 覃晖. 流域梯级电站群多目标联合优化调度与多属性风险决策[D]. 武汉:华中科技大学，2011.

[87] ZHU F, ZHONG P, WU Y, et al. SMAA-based stochastic multi-criteria decision making for reservoir flood control operation[J]. Stochastic Environmental Research and Risk Assessment, 2017, 31(6): 1485-1497.

[88] 杨哲. 梯级水库群多目标联合优化调度与风险决策方法研究[D]. 南京:河海大学，2020.

[89] 李良县，李宁. 金沙江下游（四川侧）风光水互补开发研究初探[J]. 水电站设计，2019，35（3）：74-79.

[90] SAILOR D J, SMITH M, HART M. Climate change implications for wind

power resources in the Northwest United States[J]. Renewable Energy, 2008, 33(11): 2393-2406.

[91]　CROOK J A, JONES L A, FORSTER P M, et al. Climate change impacts on future photovoltaic and concentrated solar power energy output[J]. Energy & Environmental Science, 2011, 4(9): 3101.

[92]　CANTÃO M P, BESSA M R, BETTEGA R, et al. Evaluation of hydro-wind complementarity in the Brazilian territory by means of correlation maps[J]. Renewable Energy, 2017,101: 1215-1225.

[93]　KOTSIANTIS S B. Supervised Machine Learning: A Review of Classification Techniques[J]. Informatica, 2007, 31(3).

[94]　SWAMI A, JAIN R. Scikit-learn: Machine Learning in Python[J]. Journal of Machine Learning Research, 2013, 12(10): 2825-2830.

[95]　LLOYD S P. Least squares quantization in PCM[J]. IEEE Transactions on Information Theory, 1982, 28(2): 129-137.

[96]　李映辉. 基于数据挖掘的相似洪水动态识别方法研究及应用[D]. 南京：河海大学，2019.

[97]　STEINHAUS H. Sur la division des corp materiels en parties[J]. Bulletin de l'academie polonaise des sciences, 1956, 1: 801-804.

[98]　NG H P, ONG S H, FOONG K, et al. Medical image segmentation using k-means clustering and improved watershed algorithm, March 26-28, 2006[C]. IEEE, 2006.

[99]　MAHDAVI M, ABOLHASSANI H. Harmony K-means algorithm for document clustering[J]. Data Mining and Knowledge Discovery, 2009, 18(3): 370-391.

[100] MACQUEEN J. Some methods for classification and analysis of multiVariate

observations[C]//Proceedings of the fifth Berkeley symposium on mathematical statistics and probability, 1965. Proceedings of the fifth Berkeley symposium on mathematical statistics and probability. 1967,1(14): 281-297.

[101] SAKOE H, CHIBA S. Dynamic programming algorithm optimization for spoken word recognition[J]. IEEE Transactions on Acoustics, Speech, and Signal Processing, 1978, 26(1): 43-49.

[102] 王小锋, 丁义. 雅砻江流域水调自动化系统建设及应用研究[J]. 水电与新能源, 2014 (6): 46-48.

[103] 罗崇伸, 张蕴华, 胡学翠, 等. 雅砻江下游水能资源开发全面完成雅砻江公司着手打造风光水互补清洁能源示范基地[J]. 四川水力发电, 2016, 35 (2): 119-120.

[104] 葛晓琳. 水火风发电系统多周期联合优化调度模型及方法[D]. 北京: 华北电力大学, 2013.

[105] 李长春, 高仕春. 保证出力在水库调度中的应用探讨[J]. 水力发电, 2008 (8): 97-99.

[106] 李科. 基于多属性的车辆重识别方法研究[D]. 厦门: 厦门大学, 2019.

[107] 朱连江, 马炳先, 赵学泉. 基于轮廓系数的聚类有效性分析[J]. 计算机应用, 2010, 30 (S2): 139-141.

[108] TIBSHIRANI R, WALTHER G, HASTIE T. Estimating the number of clusters in a data set via the gap statistic[J]. Journal of the Royal Statistical Society: Series B (Statistical Methodology), 2001, 63(2): 411-423.

[109] http://www.nea.gov.cn/2020-02/28/c_138827910.htm.

[110] http://www.nea.gov.cn/2020-02/28/c_138827923.htm.

[111] TENNANT D L. Instream flow regimens for fish, wildlife, recreation and

related environmental resources[J]. Fisheries, 1976, 1(4):6-10.

[112] 钟华平，刘恒，耿雷华，等. 河道内生态需水估算方法及其评述[J]. 水科学进展，2006，17（3）：430-434.

[113] 李文生，许士国. 太子河河道生态环境需水量研究[J]. 大连理工大学学报，2006，46（1）：116-120.

[114] DOCAMPO L, DE BIKUNA B G I A. The basque method for determining instream flows in Northern Spain[J]. Rivers, 1993, 4(4): 292-311.

[115] POFF N L, ALLAN J D, BAIN M B, et al. The natural flow regime[J]. BioScience, 1997, 47(11): 769-784.

[116] YIN X A, YANG Z F, PETTS G E. A new method to assess the flow regime alterations in riverine ecosystems[J]. River Research and Applications, 2015, 31(4): 497-504.

[117] GEHRKE P C, BROWN P, SCHILLER C B, et al. River regulation and fish communities in the Murray-Darling river system, Australia[J]. River Research and Applications, 1995, 11(3-4): 363-375.

[118] DAS I, DENNIS J E. Normal-boundary intersection: A new method for generating the Pareto surface in nonlinear multicriteria optimization problems[J]. SIAM Journal on Optimization, 1998, 8(3): 631-657.

[119] 唐利锋，卫志农，黄霆，等. 配电网故障定位的改进差分进化算法[J]. 电力系统及其自动化学报，2011（1）：17-21.

[120] 李英海，莫莉，左建. 基于混合差分进化算法的梯级水电站调度研究[J]. 计算机工程与应用，2012，048（4）：228-231.

[121] 翟捷，王春峰，李光泉. 基于差分进化方法的投资组合管理模型[J]. 天津大学学报：自然科学与工程技术版，2002，035（3）：304-308.

[122] 曹二保，赖明勇，聂凯. 带时间窗的车辆路径问题的改进差分进化算法研究 [J]. 系统仿真学报，2009（8）.

[123] STORN R, PRICE K. Differential evolution-a simple and efficient heuristic for global optimization over continuous spaces[J]. Journal of Global Optimization, 1997, 11(4): 341-359.

[124] IORIO A W, LI X. Solving rotated multi-objective optimization problems using differential evolution[C]//Australasian joint conference on artificial intelligence. Berlin, Heidelberg: Springer Berlin Heidelberg, 2004: 861-872.

[125] KENNEDY J, EBERHART R. Particle swarm optimization[C]//Proceedings of ICNN'95-international conference on neural networks. iEEE, 1995, 4: 1942-1948.

[126] KAMEYAMA K. Particle swarm optimization-a survey[J]. IEICE Transactions on Information and Systems, 2009, 92(7): 1354-1361.

[127] LI X, YAO X. Cooperatively coevolving particle swarms for large scale optimization[J]. IEEE Transactions on Evolutionary Computation, 2011, 16(2): 210-224.

[128] VESTERSTROM J, THOMSEN R. A comparative study of differential evolution, particle swarm optimization, and evolutionary algorithms on numerical benchmark problems[C]//Proceedings of the 2004 congress on evolutionary computation. IEEE, 2004, 2: 1980-1987.

[129] CHENG R, JIN Y. A competitive swarm optimizer for large scale optimization[J]. IEEE Transactions on Cybernetics, 2014, 45(2): 191-204.

[130] VRUGT J A, ROBINSON B A. Improved evolutionary optimization from genetically adaptive multimethod search[J]. Proceedings of the National

Academy of Sciences, 2007, 104(3): 708-711.

[131] 徐斌. 水电站群多尺度多准则优化调度[D]. 南京：河海大学，2015.

[132] DEB K, THIELE L, LAUMANNS M, et al. Scalable test problems for evolutionary multiobjective optimization[M]//Evolutionary Multiobjective Optimization. Springer, 2005: 105-145.

[133] ZITZLER E, DEB K, THIELE L. Comparison of multiobjective evolutionary algorithms: Empirical results[J]. Evolutionary Computation, 2000, 8(2): 173-195.

[134] CZYZ Z AK P, JASZKIEWICZ A. Pareto simulated annealing—a metaheuristic technique for multiple-objective combinatorial optimization[J]. Journal of Multi-Criteria Decision Analysis, 1998, 7(1): 34-47.

[135] SONG J, YANG Y, WU J, et al. Adaptive surrogate model based multiobjective optimization for coastal aquifer management[J]. Journal of Hydrology, 2018, 561: 98-111.

[136] LAHDELMA R, SALMINEN P. SMAA-2: Stochastic multicriteria acceptability analysis for group decision making[J]. Operations Research, 2001, 49(3): 444-454.

[137] OPRICOVIC S. Multicriteria optimization of civil engineering systems[J]. Faculty of Civil Engineering, Belgrade, 1998, 2(1): 5-21.

[138] XU Z, LIAO H. Intuitionistic fuzzy analytic hierarchy process[J]. IEEE Transactions on Fuzzy Systems, 2014, 22(4): 749-761.

[139] KUMAR A, SAH B, SINGH A R, et al. A review of multi criteria decision making (MCDM) towards sustainable renewable energy development[J]. Renewable and Sustainable Energy Reviews, 2017, 69: 596-609.

[140] ZHU F, ZHONG P, SUN Y. Multi-criteria group decision making under

uncertainty: Application in reservoir flood control operation[J]. Environmental Modelling & Software, 2018, 100: 236-251.

[141] 吕琳洁. 多属性决策的若干问题研究[D]. 南京：南京航空航天大学，2008.

[142] BARRON F H, BARRETT B E. Decision quality using ranked attribute weights[J]. Management Science, 1996, 42(11): 1515-1523.

[143] OPRICOVIC S, TZENG G. Compromise solution by MCDM methods: A comparative analysis of VIKOR and TOPSIS[J]. European Journal of Operational Research, 2004, 156(2): 445-455.

[144] 李庆胜，刘思峰，方志耕. 基于前景理论的随机多属性 VIKOR 决策方法[J]. 计算机工程与应用，2012，48（30）：1-4，32.

[145] CORRENTE S, FIGUEIRA J R. The SMAA-PROMETHEE method[J]. European Journal of Operational Research, 2014, 239(2): 514-522.

[146] ZHU F, ZHONG P, XU B, et al. Stochastic multi-criteria decision making based on stepwise weight information for real-time reservoir operation[J]. Journal of Cleaner Production, 2020, 257: 120554.

[147] ZADEH L A.FUZZY SETS[J]. Information & Control, 1965, 8(3): 338-353.

[148] ATANASSOV K T. Intuitionistic fuzzy sets[M]//Intuitionistic fuzzy sets.Springer, 1999: 1-137.

[149] 张尚，王涛，顾雪平. 基于直觉模糊层次分析法的电网运行状态综合评估[J]. 电力系统自动化，2016，40（04）：41-49.

[150] SAATY T L. A scaling method for priorities in hierarchical structures[J]. Journal of Mathematical Psychology, 1977, 15(3): 234-281.

[151] KIM T, HEO J, JEONG C. Multireservoir system optimization in the Han River basin using multi-objective genetic algorithms[J]. Hydrological Processes, 2006,

20(9): 2057-2075.

[152] HEATH D C, JACKSON P L. Modeling the evolution of demand forecasts with application to safety stock analysis in production distribution systems[J]. IIE Transactions, 1994, 26(3): 17-30.

[153] ZHAO T, ZHAO J, YANG D, et al. Generalized martingale model of the uncertainty evolution of streamflow forecasts[J]. Advances in Water Resources, 2013, 57: 41-51.

[154] ZHAO T, CAI X, YANG D. Effect of streamflow forecast uncertainty on real-time reservoir operation[J]. Advances in Water Resources, 2011, 34(4): 495-504.

[155] ARTEAGA F, FERRER A. How to simulate normal data sets with the desired correlation structure[J]. Chemometrics and Intelligent Laboratory Systems, 2010, 101(1): 38-42.

[156] MONTANARI A. Deseasonalisation of hydrological time series through the normal quantile transform[J]. Journal of Hydrology, 2005, 313(3-4): 274-282.

[157] 赵铜铁钢. 考虑水文预报不确定性的水库优化调度研究[D]. 北京：清华大学，2013.

[158] VAN DER VEEN A M H, LINSINGER T P J, LAMBERTY A, et al. Uncertainty calculations in the certification of reference materials: 3.Stability study[J]. Accreditation and Quality Assurance, 2001, 6(6): 257-263.

[159] https://www.lindo.com/index.php/ls-downloads/try-lingo.